移动互联网开发技术丛书

iOS 应用开发教程
微课视频版

罗良夫　主编

清华大学出版社
北京

内 容 简 介

本书内容分为上下两篇，共13章，循序渐进地讲解了iOS应用开发过程中所需的知识与技术。本书的编写遵循"理实一体化"理念，根据程序设计课程实践性较强的教学特点，为每个知识点配有详细的应用实例(大多数实例配有视频演示)，为各章精心设计了习题和实训，帮助学生理解与巩固所学知识。本书内容深入浅出，能够帮助初学者快速入门，也能为学生的后续进阶学习奠定基础。本书配有教学视频、教学大纲、教学课件、习题答案等丰富的教学资源。

本书可作为计算机、软件工程、数据科学与大数据技术等专业iOS开发相关课程的教材，也可作为移动开发从业者、iOS应用开发爱好者的参考书。

本书封面贴有清华大学出版社防伪标签，无标签者不得销售。
版权所有，侵权必究。举报：010-62782989，beiqinquan@tup.tsinghua.edu.cn。

图书在版编目(CIP)数据

iOS应用开发教程：微课视频版/罗良夫主编. —北京：清华大学出版社，2023.8
（移动互联网开发技术丛书）
ISBN 978-7-302-63674-8

Ⅰ. ①i… Ⅱ. ①罗… Ⅲ. ①移动终端－应用程序－程序设计 Ⅳ. ①TN929.53

中国国家版本馆CIP数据核字(2023)第100044号

责任编辑：付弘宇
封面设计：刘　键
责任校对：胡伟民
责任印制：丛怀宇

出版发行：清华大学出版社
    网　　址：http://www.tup.com.cn, http://www.wqbook.com
    地　　址：北京清华大学学研大厦A座　　邮　编：100084
    社 总 机：010-83470000　　邮　购：010-62786544
    投稿与读者服务：010-62776969, c-service@tup.tsinghua.edu.cn
    质量反馈：010-62772015, zhiliang@tup.tsinghua.edu.cn
    课件下载：http://www.tup.com.cn, 010-83470236

印 装 者：三河市人民印务有限公司
经　　销：全国新华书店
开　　本：185mm×260mm　　印　张：16.5　　字　数：412千字
版　　次：2023年8月第1版　　印　次：2023年8月第1次印刷
印　　数：1～1500
定　　价：49.80元

产品编号：101012-01

前 言
FOREWORD

　　新一轮科技革命和产业变革带动了传统产业的升级改造。党的二十大报告强调"必须坚持科技是第一生产力、人才是第一资源、创新是第一动力,深入实施科教兴国战略、人才强国战略、创新驱动发展战略,开辟发展新领域新赛道,不断塑造发展新动能新优势"。建设高质量高等教育体系是摆在高等教育面前的重大历史使命和政治责任。高等教育要坚持国家战略引领,聚焦重大需求布局,推进新工科、新医科、新农科、新文科建设,加快培养紧缺型人才。

　　iOS 是由 Apple 公司开发的在移动设备上运行的操作系统。Apple 公司于 2007 年 1 月在 Macworld 大会上发布了 iOS 系统,最初是用于 iPhone 手机,后来陆续扩展到 iPod touch 和 iPad。据 IDC 的统计数据,自 2012 年以来,iOS 系统的全球市场份额稳居移动端操作系统次席。截至 2022 年年底,App Store 上的应用数量超过 164 万,App Store 的全球付费订阅用户数量超过 8 亿。iOS 应用的开发市场仍然具有一定的发展前景。

　　iOS 应用开发与其他类型的应用开发具有一定的区别,由于 Apple 公司的发展策略,iOS 系统采取闭源政策,目前 iOS 应用的开发需要在 macOS 系统下进行。macOS 系统与 Windows 或 Linux 系统不同,Windows 或 Linux 系统能够安装在不同型号的设备上,而 macOS 系统只能在 Apple 计算机上进行正常适配,并且对 Apple 设备的型号有一定的限制,所以 iOS 应用的开发对环境的要求较高。受此影响,市场上的 iOS 应用开发工具不像其他语言那样百花齐放,目前较主流的 iOS 应用开发 IDE 只有两个,一个是 Apple 公司推出的 Xcode,另一个是 JetBrains 公司推出的 AppCode,两款软件各具特色,但功能大致相同,本书采用 Xcode 作为实例讲解的 IDE。另外,iOS 应用开发不像其他类型的应用那样支持种类丰富的语言,目前仅支持 Objective-C 与 Swift 语言。2019 年,Apple 公司已停止对 Objective-C 的 API 进行更新,因此本书采用当前流行的 Swift 语言进行程序编写。

　　根据 iOS 应用开发的特点,本书遵循"理实一体化"的理念,力求站在读者的角度进行内容的组织与编写,每个知识点都配有详细的应用实例(大多数实例配有视频演示),各章还精心设计了习题和实训,帮助读者理解与巩固所学知识。本书根据程序设计课程实践性较强的教学特点,结合读者的学习习惯,循序渐进地介绍了 iOS 应用开发过程中涉及的知识、技术和技巧。本书内容深入浅出,能够帮助初学者快速入门,也能为后续进阶学习奠定基础。

　　本书内容分为上下两篇,共 13 章,详细讲解了 iOS 应用开发过程中所需的知识与技术,具体内容如下。

上篇包括第1～8章。第1章概要介绍了macOS系统、iOS系统、iOS开发环境Xcode和iOS应用开发语言Swift。第2章介绍了Swift中的整数类型、浮点数类型、布尔类型、字符类型、元组类型、可选类型的使用方法,Swift数据类型的特点,以及Swift字面值的使用方法。第3章介绍了Swift中顺序、选择、循环三种结构的相关语法、操作与应用示例等。第4章介绍了Swift数组、Swift Set(集合)、Swift字典的相关语法、操作与应用示例。第5章介绍了Swift函数、Swift闭包、Swift内存管理的相关语法、操作与应用示例。第6章介绍了Swift结构体、Swift类的相关语法、操作与应用示例等。第7章介绍了Swift枚举、Swift协议、Swift扩展的相关语法、操作与应用示例。第8章介绍了Swift异常、Swift泛型的相关语法、操作与应用示例。

下篇包括第9～13章。第9章通过"第一个iOS应用"案例介绍了iOS应用的完整开发流程,以及添加iOS应用图标的方式。第10章介绍了Label对象、TextField对象、Button对象的创建、使用方法与应用示例。第11章介绍了DatePicker对象、TableView对象的创建、使用方法与应用示例。第12章介绍了Switch对象、Slider对象、ImageView对象的创建、使用方法与应用示例。第13章介绍了用AVFoundation框架和AVPlayer类播放iOS音频、视频的方法与应用示例。

本书由笔者独立完成,在本书的撰写过程中笔者参考了大量网络资料、文献与书籍,对相关知识与技术进行了系统性整理,在此对这些资料的作者表示感谢。限于笔者的水平,本书难免存在不足之处,恳请读者批评指正。

本书配有教学视频、教学大纲、教学课件、习题答案、程序源码等教学资源。读者扫描封底"文泉云盘防盗码"、绑定微信账号之后,即可随时扫描书中的二维码观看视频,其他教学资源请从清华大学出版社公众号"书圈"(见封底)下载。读者如果在本书及资源的使用中遇到问题,请联系责任编辑(404905510@qq.com)。

罗良夫

2023年1月

目录

上篇 iOS 开发基础

第 1 章 iOS 开发概述 ………………………………………………………… 3

- 1.1 macOS ……………………………………………………………………… 3
  - 1.1.1 macOS 概述 ………………………………………………………… 3
  - 1.1.2 macOS 发展历程 …………………………………………………… 4
  - 1.1.3 macOS 常用操作 …………………………………………………… 6
- 1.2 iOS ………………………………………………………………………… 8
  - 1.2.1 iOS 概述 …………………………………………………………… 8
  - 1.2.2 iOS 的特点 ………………………………………………………… 8
  - 1.2.3 iOS 发展历程 ……………………………………………………… 9
- 1.3 iOS 开发环境 …………………………………………………………… 11
  - 1.3.1 Xcode 简介 ……………………………………………………… 11
  - 1.3.2 Xcode 的特点 …………………………………………………… 11
  - 1.3.3 Xcode 工作界面 ………………………………………………… 12
  - 1.3.4 Xcode 快捷键 …………………………………………………… 16
- 1.4 Swift 概述 ……………………………………………………………… 16
  - 1.4.1 Swift 简介 ……………………………………………………… 16
  - 1.4.2 Swift 的特点 …………………………………………………… 17
  - 1.4.3 Swift 程序的创建 ……………………………………………… 17
  - 1.4.4 Swift 基本语法 ………………………………………………… 18
  - 1.4.5 Swift 在线编译环境 …………………………………………… 20
- 1.5 小结 ……………………………………………………………………… 21
- 习题 …………………………………………………………………………… 21
- 实训 Swift 程序的创建 …………………………………………………… 22

第 2 章 Swift 数据类型与运算符 ……………………………………… 24

- 2.1 Swift 基础数据类型 …………………………………………………… 24
  - 2.1.1 整数类型 ………………………………………………………… 24

         2.1.2　浮点数类型 ··· 25
         2.1.3　布尔类型 ··· 26
         2.1.4　字符类型 ··· 27
         2.1.5　元组类型 ··· 28
         2.1.6　可选类型 ··· 29
         2.1.7　Swift 数据类型的特点 ·· 30
         2.1.8　字面值 ··· 31
    2.2　Swift 常量与变量 ··· 32
         2.2.1　Swift 常量 ·· 32
         2.2.2　Swift 变量 ·· 33
         2.2.3　标识符与关键字 ··· 34
    2.3　运算符与表达式 ··· 36
         2.3.1　算术运算符 ··· 36
         2.3.2　关系运算符 ··· 38
         2.3.3　逻辑运算符 ··· 39
         2.3.4　区间运算符 ··· 40
         2.3.5　溢出运算符 ··· 41
         2.3.6　位运算符 ·· 42
         2.3.7　赋值运算符 ··· 44
         2.3.8　条件运算符 ··· 45
         2.3.9　空合运算符 ··· 46
         2.3.10　括号运算符 ·· 47
         2.3.11　运算符优先级 ··· 47
    2.4　数据类型转换 ·· 48
         2.4.1　整数类型之间转换 ··· 48
         2.4.2　浮点数类型之间转换 ·· 48
         2.4.3　整数类型与浮点数类型之间转换 ··· 49
         2.4.4　整数类型与字符串类型之间转换 ··· 50
         2.4.5　浮点数类型与字符串类型之间转换 ······································ 50
    2.5　小结 ··· 51
    习题 ·· 51
    实训　常量、变量与数据类型 ·· 52

第 3 章　程序流程控制结构 ·· 53
    3.1　顺序结构 ·· 53
    3.2　选择结构 ·· 54
         3.2.1　if 结构 ·· 54
         3.2.2　if-else 结构 ··· 55
         3.2.3　if-else if-else 结构 ·· 56

3.2.4　switch 结构 ·· 58
3.3　循环结构 ·· 61
　　　3.3.1　for-in 结构 ·· 61
　　　3.3.2　while 结构 ·· 63
　　　3.3.3　repeat-while 结构 ·· 64
3.4　控制转移语句 ·· 64
　　　3.4.1　break 语句 ·· 64
　　　3.4.2　continue 语句 ·· 65
　　　3.4.3　forloop 语句 ··· 66
3.5　小结 ··· 67
习题 ··· 67
实训　选择结构与循环结构 ·· 67

第 4 章　集合类型与字符串 ··· 69

4.1　Swift 数组 ··· 69
　　　4.1.1　Swift 数组概述 ··· 69
　　　4.1.2　Swift 数组的创建 ·· 69
　　　4.1.3　Swift 数组的常用操作 ·· 70
4.2　Swift Set ·· 75
　　　4.2.1　Swift Set 概述 ·· 75
　　　4.2.2　Swift Set 的创建 ··· 75
　　　4.2.3　Swift Set 的常用操作 ··· 76
4.3　Swift 字典 ··· 81
　　　4.3.1　Swift 字典概述 ··· 81
　　　4.3.2　Swift 字典的创建 ·· 81
　　　4.3.3　Swift 字典的常用操作 ·· 82
4.4　Swift 字符串 ·· 85
　　　4.4.1　Swift 字符串概述 ·· 85
　　　4.4.2　Swift 字符串的创建 ··· 85
　　　4.4.3　Swift 字符串的常用操作 ······································· 86
4.5　小结 ··· 90
习题 ··· 90
实训　数组、Set 与字典 ·· 91

第 5 章　Swift 函数、闭包与内存管理 ······································· 92

5.1　Swift 函数 ··· 92
　　　5.1.1　Swift 函数概述 ··· 92
　　　5.1.2　Swift 函数的定义 ·· 92
　　　5.1.3　Swift 函数的调用 ·· 93

5.1.4　可变参数 ··· 93
　　5.1.5　参数默认值 ··· 94
　　5.1.6　参数标签 ··· 95
　　5.1.7　输入输出参数 ··· 96
　　5.1.8　函数类型 ··· 97
　　5.1.9　函数嵌套 ··· 98
　　5.1.10　多返回值函数 ··· 99
5.2　Swift 闭包 ·· 99
　　5.2.1　Swift 闭包概述 ··· 99
　　5.2.2　Swift 闭包表达式 ··· 99
　　5.2.3　Swift 闭包的简写形式 ·· 100
5.3　Swift 内存管理 ··· 101
　　5.3.1　Swift 内存管理概述 ·· 101
　　5.3.2　强引用 ·· 102
　　5.3.3　弱引用 ·· 103
　　5.3.4　无主引用 ·· 104
5.4　小结 ··· 105
习题 ··· 105
实训　函数与闭包 ··· 106

第 6 章　Swift 结构体、类与访问控制 ·· 107

6.1　Swift 结构体 ··· 107
　　6.1.1　Swift 结构体的概述 ·· 107
　　6.1.2　Swift 结构体的定义 ·· 107
　　6.1.3　Swift 结构体实例的创建 ·· 108
　　6.1.4　Swift 结构体成员的访问 ·· 108
　　6.1.5　Swift 结构体的构造方法 ·· 109
　　6.1.6　Swift 结构体的计算属性 ·· 110
　　6.1.7　Swift 结构体属性观察器 ·· 112
　　6.1.8　Swift 结构体下标 ·· 113
　　6.1.9　静态属性与静态方法 ·· 114
6.2　Swift 类 ··· 114
　　6.2.1　Swift 类概述 ·· 114
　　6.2.2　Swift 类的定义 ·· 115
　　6.2.3　Swift 类的构造方法 ·· 115
　　6.2.4　Swift 类的析构方法 ·· 116
　　6.2.5　Swift 类实例的创建 ·· 116
　　6.2.6　Swift 类的计算属性 ·· 118
　　6.2.7　Swift 类的属性观察器 ·· 119

　　　　6.2.8　Swift 类的下标 ……………………………………………………………… 121
　　　　6.2.9　Swift 的类型属性与类型方法 ………………………………………………… 122
　　　　6.2.10　Swift 类的继承 ……………………………………………………………… 124
　　　　6.2.11　Swift 类的重写 ……………………………………………………………… 125
　　　　6.2.12　＝＝＝与！＝＝运算符 …………………………………………………… 128
　　6.3　Swift 访问控制 ……………………………………………………………………… 129
　　　　6.3.1　Swift 访问控制概述 ………………………………………………………… 129
　　　　6.3.2　Swift 访问控制的使用规则 ………………………………………………… 129
　　6.4　小结 …………………………………………………………………………………… 130
　　习题 ………………………………………………………………………………………… 130
　　实训　结构体与类的使用 ……………………………………………………………… 130

第 7 章　Swift 枚举、协议与扩展 ……………………………………………………… 132

　　7.1　Swift 枚举 …………………………………………………………………………… 132
　　　　7.1.1　Swift 枚举概述 ……………………………………………………………… 132
　　　　7.1.2　Swift 枚举类型的定义 ……………………………………………………… 132
　　　　7.1.3　Swift 枚举常量/变量的定义 ………………………………………………… 132
　　　　7.1.4　Swift 枚举原始值 …………………………………………………………… 133
　　　　7.1.5　Swift 枚举关联值 …………………………………………………………… 134
　　7.2　Swift 协议 …………………………………………………………………………… 135
　　　　7.2.1　Swift 协议概述 ……………………………………………………………… 135
　　　　7.2.2　Swift 协议的定义 …………………………………………………………… 136
　　　　7.2.3　Swift 协议的使用 …………………………………………………………… 136
　　　　7.2.4　Swift 协议的继承 …………………………………………………………… 137
　　　　7.2.5　Swift 协议的类型 …………………………………………………………… 139
　　7.3　Swift 扩展 …………………………………………………………………………… 140
　　　　7.3.1　Swift 扩展概述 ……………………………………………………………… 140
　　　　7.3.2　Swift 扩展的声明 …………………………………………………………… 140
　　　　7.3.3　Swift 扩展计算型属性 ……………………………………………………… 140
　　　　7.3.4　Swift 扩展构造方法 ………………………………………………………… 141
　　　　7.3.5　Swift 扩展方法 ……………………………………………………………… 142
　　　　7.3.6　Swift 扩展下标 ……………………………………………………………… 144
　　7.4　小结 …………………………………………………………………………………… 145
　　习题 ………………………………………………………………………………………… 145
　　实训　枚举与协议的使用 ……………………………………………………………… 146

第 8 章　Swift 异常处理与泛型 ………………………………………………………… 147

　　8.1　Swift 异常处理 ……………………………………………………………………… 147
　　　　8.1.1　Swift 异常概述 ……………………………………………………………… 147

8.1.2　Swift 自定义异常 ………………………………………………………………… 147
8.1.3　Swift 异常的抛出 …………………………………………………………………… 147
8.1.4　Swift 异常的捕获 …………………………………………………………………… 148
8.1.5　Swift 异常的处理方式 ……………………………………………………………… 149
8.1.6　Swift 延时执行语句 ………………………………………………………………… 149
8.2　Swift 泛型 ………………………………………………………………………………… 151
8.2.1　Swift 泛型概述 ……………………………………………………………………… 151
8.2.2　Swift 泛型函数 ……………………………………………………………………… 151
8.2.3　Swift 泛型类型 ……………………………………………………………………… 152
8.2.4　Swift 泛型约束 ……………………………………………………………………… 153
8.3　小结 ………………………………………………………………………………………… 156
习题 ……………………………………………………………………………………………… 156
实训　泛型的使用 ……………………………………………………………………………… 157

下篇　iOS 开发技术

第 9 章　iOS 开发简介 …………………………………………………………………………… 161

9.1　iOS 开发工具 ……………………………………………………………………………… 161
9.1.1　Xcode 与 macOS 的对应关系 ……………………………………………………… 162
9.1.2　iOS 项目模板类型 …………………………………………………………………… 162
9.2　iOS 应用开发简介 ………………………………………………………………………… 163
9.2.1　iOS 应用的开发流程 ………………………………………………………………… 163
9.2.2　Single View App 项目结构 ………………………………………………………… 163
9.3　iOS 应用开发案例 ………………………………………………………………………… 164
9.3.1　第一个 iOS 应用 ……………………………………………………………………… 164
9.3.2　添加 iOS 应用的启动图标 …………………………………………………………… 170
9.4　小结 ………………………………………………………………………………………… 172
习题 ……………………………………………………………………………………………… 172
实训　Xcode 项目的创建 ……………………………………………………………………… 173

第 10 章　UIKit 常用可视化对象 ……………………………………………………………… 174

10.1　Label 对象 ………………………………………………………………………………… 174
10.1.1　Label 对象简介 …………………………………………………………………… 174
10.1.2　用代码方式创建 Label 对象 ……………………………………………………… 175
10.1.3　用 Interface Builder 方式创建 Label 对象 ……………………………………… 176
10.2　TextField 对象 …………………………………………………………………………… 179
10.2.1　TextField 对象简介 ……………………………………………………………… 179
10.2.2　用代码方式创建 TextField 对象 ………………………………………………… 180
10.2.3　Outlet ……………………………………………………………………………… 181

	10.2.4	用 Interface Builder 方式创建 TextField 对象	182
10.3	Button 对象		185
	10.3.1	Button 对象简介	185
	10.3.2	用代码方式创建 Button 对象	186
	10.3.3	Action 类型的关联	186
	10.3.4	用 Interface Builder 方式创建 Button 对象	187
10.4	小结		190
习题			190
实训	常用控件的使用		190

第 11 章 DatePicker 和 TableView 对象 192

11.1	DatePicker 对象		192
	11.1.1	DatePicker 对象简介	192
	11.1.2	用代码方式创建 DatePicker 对象	192
	11.1.3	DatePicker 对象实现日期显示功能	193
	11.1.4	AlertController 对话框	197
	11.1.5	Timer(计时器)	199
	11.1.6	DatePicker 对象实现倒计时功能	202
11.2	TableView 对象		204
	11.2.1	TableView 对象简介	204
	11.2.2	用代码方式创建 TableView 对象	205
	11.2.3	用 Interface Builder 方式创建 TableView 对象	207
11.3	小结		210
习题			210
实训	日期选择器的使用		211

第 12 章 Switch、Slider 与 ImageView 对象 213

12.1	Switch 对象		213
	12.1.1	Switch 对象简介	213
	12.1.2	用代码方式创建 Switch 对象	213
	12.1.3	用 Interface Builder 方式创建 Switch 对象	215
12.2	Slider 对象		218
	12.2.1	Slider 对象简介	218
	12.2.2	用代码方式创建 Slider 对象	218
	12.2.3	用 Interface Builder 方式创建 Slider 对象	220
12.3	ImageView 对象		224
	12.3.1	ImageView 对象简介	224
	12.3.2	用代码方式创建 ImageView 对象	225
	12.3.3	用 Interface Builder 方式创建 ImageView 对象	226

12.3.4　用 Interface Builder 方式创建 ImageView 动画 …………………… 230
12.4　小结 …………………………………………………………………………… 233
习题 ………………………………………………………………………………… 233
实训　ImageView 的使用 ………………………………………………………… 233

第 13 章　iOS 音频与视频 ………………………………………………………… 235

13.1　iOS 音频 ……………………………………………………………………… 235
　　13.1.1　AVFoundation 框架简介 …………………………………………… 235
　　13.1.2　iOS 音频简介 ………………………………………………………… 235
　　13.1.3　用 AVFoundation 播放音频的步骤 ………………………………… 236
　　13.1.4　用 AVAudioPlayer 类播放音频 …………………………………… 236
13.2　iOS 视频 ……………………………………………………………………… 242
　　13.2.1　iOS 视频简介 ………………………………………………………… 242
　　13.2.2　用 AVFoundation 播放视频的步骤 ………………………………… 242
　　13.2.3　用 AVPlayer 类播放视频 …………………………………………… 243
习题 ………………………………………………………………………………… 246
实训　音频播放 …………………………………………………………………… 246

附录 A　AppIcon 图标 ……………………………………………………………… 248

附录 B　Xcode 对象 ………………………………………………………………… 249

上 篇

iOS 开发基础

第 1 章　iOS 开发概述

第 2 章　Swift 数据类型与运算符

第 3 章　程序流程控制结构

第 4 章　集合类型与字符串

第 5 章　Swift 函数、闭包与内存管理

第 6 章　Swift 结构体、类与访问控制

第 7 章　Swift 枚举、协议与扩展

第 8 章　Swift 异常处理与泛型

第 1 章

iOS开发概述

1.1 macOS

1.1.1 macOS 概述

macOS 是一套由 Apple 公司开发的运行于 Macintosh 系列计算机上的操作系统。macOS 是首个在商用领域取得成功的图形用户界面操作系统，iOS 应用的开发需要在 macOS 环境下进行。macOS 的系统界面如图 1.1 所示。

图 1.1　macOS 系统界面

macOS 是基于 XNU 混合内核的图形化操作系统，在普通 PC 上无法直接安装，只能在 Apple 设备上安装，目前支持 macOS 系统的设备有 MacBook 和 iMac。macOS 各版本对设备型号有一定要求，支持 macOS 各版本的设备情况如表 1.1 所示。

表 1.1　macOS 各版本支持情况

macOS 版本	支持的设备型号
macOS Monterey 12.5	MacBook 2016 及之后机型； Mac mini 2014 及之后机型； iMac 2015 及之后机型； MacBook Pro 2013 及之后机型

续表

macOS 版本	支持的设备型号
macOS Big Sur 11.5.2	iMac Pro 2017 及之后机型； MacBook 2015 及之后机型； MacBook Air 2013 及之后机型
macOS Catalina 10.15.7	MacBook 2015 及之后机型； MacBook Pro 2012 及之后机型； iMac Pro 2017 及之后机型

1.1.2 macOS 发展历程

macOS 操作系统的发展历程可以分为两个系列。一个是经典但目前已不被支持的 Classic Mac OS，搭载在 1984 年发布的首部 Mac 及其后代上，最终版本是 Mac OS 9。Classic Mac OS 采用 Mach 作为内核，在 Mac OS 7.6 之前的版本用"System x.xx"来命名；另一个是目前主流的 macOS，结合了 BSD UNIX、OpenStep 和 macOS 9 的元素，系统底层以 UNIX 作为基础，其代码被称为 Darwin，实行的是部分开放源代码。

1. 第一阶段（1984—2000 年）

（1）System 1.x

System 1.x 是 Apple 公司最早随 Macintosh 128K 一起推出的操作系统，发布于 1984 年 1 月，是第一个 Macintosh 操作系统。当时 System 1.0 包括桌面、窗口、图标、光标、菜单和卷动栏等项目。整个系统文件夹的大小仅有 216KB。当时并不能通过菜单建立新的文件夹。

（2）System 2.x 至 System 6.x

System 2.0 是在 1985 年 4 月发布的，是 1.0 的更新版本。后续的 System 版本改动并不大，主要对系统功能与性能进行一定程度的提升。

（3）System 7

System 7 是第一个经历了大修补和大更新的系统，也是第一款彩色的苹果系统，有了 256 色的图标，有了更好的多媒体支持（Quick Time），还能更好地支持互联网。

（4）Mac OS 8

1997 年发布的 Mac OS 8 带来了 multi-thread Finder、三维 Platinum 界面，以及新的计算机帮助（辅助说明）系统。

（5）Mac OS 9

Mac OS 9 是 Mac OS 8.6 的改进版本，于 1999 年 10 月发布。2002 年 9 月，Mac OS 9.2 发布，Mac OS 9.2.2 是 Mac OS 9 的最终版本。

（6）Mac OS X

Mac OS X 使用基于 BSD UNIX 的内核，并带来 UNIX 风格的内存管理和抢占式多任务处理（pre-emptive multitasking）特性，大大改进了内存管理，允许更多软件同时运行，并且在实质上消除了由一个程序崩溃导致其他程序崩溃的可能性，这是首个包括"命令行"模式的 macOS。

2. 第二阶段（2001—2021 年）

可以通过以下三个时期来了解这个阶段。

(1) 第一时期：使用猫科动物命名阶段（如表1.2所示）

表1.2 macOS在第二阶段第一时期的命名

系统版本	中/英文简称	全称	发布日期
Mac OS X v10.0	猎豹（Cheetah）	Mac OS X 10.0 Cheetah	2001年3月24日
Mac OS X v10.1	美洲狮（Puma）	Mac OS X 10.1 Puma	2001年9月25日
Mac OS X v10.2	美洲虎（Jaguar）	Mac OS X 10.2 Jaguar	2002年8月24日
Mac OS X v10.3	黑豹（Panther）	Mac OS X 10.3 Panther	2002年10月24日
Mac OS X v10.4	虎（Tiger）	Mac OS X 10.4 Tiger	2005年4月29日
Mac OS X v10.5	花豹（Leopard）	Mac OS X 10.5 Leopard	2006年8月7日
Mac OS X v10.6	雪豹（Snow Leopard）	Mac OS X 10.6 Snow Leopard	2008年6月9日
Mac OS X v10.7	狮（Lion）	Mac OS X 10.7 Lion	2010年10月20日
Mac OS X v10.8	山狮（Mountain Lion）	Mac OS X 10.8 Mountain Lion	2012年7月25日

(2) 第二时期：使用美国加利福尼亚州的旅游景点命名阶段（如表1.3所示）

表1.3 macOS在第二阶段第二时期的命名

系统版本	中/英文简称	全称	发布日期
OS X v10.9	冲浪湾（Mavericks）	OS X 10.9 Mavericks	2013年6月10日
OS X v10.10	优胜美地（Yosemite）	OS X 10.10 Yosemite	2014年6月3日
OS X v10.11	酋长岩（El Capitan）	OS X 10.11 El Capitan	2015年9月30日

(3) 第三时期：使用桌面生态全新命名阶段（如表1.4所示）

在WWDC 2016大会上，OS X成为历史，Apple公司将桌面系统OS X正式更名为macOS。此后的Apple公司桌面系统叫作macOS，新版的系统名为macOS Sierra，更新的核心是移动和桌面生态的协同化，将iOS、watchOS和macOS融为一体，形成牢不可破的生态系统。

表1.4 macOS在第二阶段第三时期的命名

系统版本	中/英文简称	全称	发布日期
macOS Sierra v10.12	内华达山脉（Sierra）	macOS Sierra	2016年6月13日
macOS HighSierra v10.13	内华达高脊山脉（High Sierra）	macOS High Sierra	2018年3月30日

续表

系统版本	中/英文简称	全称	发布日期
macOS Mojave v10.14	莫哈维沙漠（Mojave）	macOS Mojave	2018年9月25日
macOS Catalina v10.15	圣卡塔利娜岛（Catalina）	macOS Catalina	2019年6月4日
macOS Big Sur v11.0	大瑟尔（Big Sur）	macOS Big Sur	2020年6月23日
macOS Monterey v12.0	蒙特利湾（Monterey）	macOS Monterey	2021年7月2日
macOS Ventura v13.0	范朵拉（Ventura）	macOS Ventura	2022年6月6日

视频讲解

1.1.3　macOS 常用操作

macOS 系统的界面及操作方法与 Windows 系统具有一定的差异，学习 iOS 开发之前需要熟悉 macOS 的常用操作，以下是 macOS 常用操作的说明。

图 1.2　访达图标

（1）访达

macOS 中的访达类似于 Windows 系统下的资源管理器，访达图标如图 1.2 所示。

（2）应用程序

macOS 中安装的所有应用都在访达的"应用程序"中，功能类似于 Windows 系统开始菜单中的所有程序，如图 1.3 所示。

图 1.3　macOS 中的所有程序

（3）系统偏好设置

macOS 的系统设置位于"系统偏好设置"，其中包括通用、桌面与屏幕保护程序、程序坞、用户与群组、网络、鼠标、键盘、触控板等设置，如图 1.4 所示。

（4）程序坞（Dock）

macOS 的程序坞用于存放常用应用的图标，只需要单击程序坞中的图标即可启动应

图 1.4 "系统偏好设置"窗口

用,类似于 Windows 系统中的任务栏与快速启动栏,如图 1.5 所示。

图 1.5 程序坞

(5) macOS 常用功能键

Mac 设备上的键盘与 Windows 计算机的键盘有区别,如 ⌘(Command / Cmd)、⌥(Option)、^(Control)、⇧(Shift)等,其与 Windows 系统中的按键对应关系如表 1.5 所示。

表 1.5 macOS 功能键

macOS	Windows
⌘ 符号表示,叫作 Command 键	⊞Win
⌥ 符号表示,叫作 Option 键	Alt
⇧ 符号表示	Shift
^符号表示,叫作 Control 或 Ctrl	Ctrl

(6) macOS 常用快捷键

macOS 类似于 Windows 操作系统,为用户提供了许多方便操作的快捷键,使用户在日常使用中能够快速完成各种操作,具体快捷键如表 1.6 所示。

表 1.6 macOS 常用快捷键

快 捷 键	功 能
Command+Q	类似于 Windows 系统中按 Alt+F4 键,立即退出当前运行的应用
Command+X/C/V	剪切/复制/粘贴文本
Command+Option+V	剪切/移动文件
Command+Shift+5	系统自带的屏幕截图功能
Command+Tab	切换不同的应用窗口
Command+`	在一个 App 的多窗口之间切换

1.2 iOS

1.2.1 iOS 概述

iOS 是由 Apple 公司开发的在移动设备上运行的操作系统,其标志如图 1.6 所示。Apple 公司于 2007 年 1 月 9 日在 Macworld 大会上发布了 iOS。iOS 最初的设计目标是在 iPhone 手机上使用,后来陆续扩展到 iPod touch 和 iPad。

图 1.6 iOS 系统标志

iOS 与 Apple 公司的 macOS 操作系统一样,属于类 UNIX 的商业操作系统。它原名为 iPhone OS,由于 iPad、iPhone、iPod touch 都使用它,所以 2010 年 Apple 公司在全球开发者大会上宣布将其更名为 iOS。

1.2.2 iOS 的特点

(1) 安全性

iOS 提供了内置的安全性。iOS 专门设计了低层级的硬件和固件功能,用来防止恶意软件和病毒;同时还设计了高层级的操作系统功能,有助于在访问个人信息和企业数据时确保安全性。iOS 要求想从日历、通讯录、提醒事项和照片获取位置信息的 App 必须先获得你的许可。iOS 提供了密码锁功能,以防止有人未经授权访问你的设备,并进行相关配置,允许设备在多次尝试输入密码失败后删除所有数据。该密码还会为你存储的邮件自动加密和提供保护,并允许第三方 App 为其存储的数据加密。iOS 支持加密网络通信,可供 App 用来保护传输过程中的敏感信息。如果你的设备丢失或失窃,可以利用"查找"功能在地图上定位设备,并远程删除所有数据。一旦你的 iPhone 失而复得,iOS 还能恢复上一次备份的全部数据。

(2) 多语言

使用 iOS 的设备可在世界各地通用。iOS 系统支持 30 多种语言,可以在各种语言之间进行切换。由于 iOS 键盘基于软件而设计,可以选择 50 多种特定语言功能的不同版式,其中包括字符的变音符和日文关联字符选项。此外,iOS 系统内置的词典支持 50 多种语言,VoiceOver 可阅读超过 35 种语言的屏幕内容,iOS 系统的语音控制功能可读懂 20 多种语言。

(3) 学习功能强大

iOS 系统支持使用日历来追踪所有的课程和活动,可根据提醒事项发出的提醒,帮用户准时赴约并参加小组学习,还可利用备忘录 App 随手记下清单内容,或将好想法写下来。借助内置 WLAN 功能在网上进行研究或撰写电子邮件,甚至还可以添加照片或文件附件;使用语音备忘录录制采访、朗读示例、学习指南或课堂讲座。无论是单词定义还是练习语法词汇,都能在 App Store 里找到相应的 App 应用。

(4) 隐私政策

iOS 的评级功能是在用户打电话和收发电子邮件数量的基础上形成的,以应对欺诈行为。系统根据用户使用设备的信息编制信用评级,包括接打电话和收发电子邮件的数量,可以有效防止欺诈行为。这个机制也适用于那些无法发送电子邮件或拨打电话的设备。

（5）商务使用

iOS 系统具有企业专属功能和高度的安全性。iOS 系统兼容 Microsoft Exchange 和标准服务器，可发送无线推送的电子邮件、日历和通讯录。iOS 系统在传输、设备内等待和 iTunes 备份三个不同阶段分别为信息加密，确保你的数据安全。你可以安全地通过业界标准 VPN 协议接入私人企业网络，公司也可以使用配置文件轻松地在企业内部署 iPhone。

（6）市场份额

在 Apple 公司进入市场 15 年后，截至 2023 年 1 月，iPhone 的全球累计销量已经突破 23.2 亿部。2022 年 iPhone 的出货量在全球高端手机市场中占据 75% 的份额。中国是 iPhone 的关键市场，iPhone 在中国的市场份额仍在持续上升。AppStore 是 Apple 公司提供给个人软件开发者或软件公司的，让他们发售自己开发的 iPhone、iPad 或 iPod touch 应用的地方，开发者可以将自己开发的软件、游戏上传到 App Store，2022 年第一季度 AppStore 的全球下载量达到了 86 亿次。

1.2.3 iOS 发展历程

2007 年 1 月，Apple 公司在 Macworld 大会上发布了 iPhone。同年 6 月第一版 iOS 操作系统发布，当时乔布斯将其称为"iPhone runs OS X"。2007 年 10 月，Apple 公司发布了第一个本地化 iPhone 应用程序开发包（SDK）。

2008 年 3 月，Apple 公司发布了第一个测试版开发包，并且将"iPhone runs OS X"更名为"iPhone OS"。同年 9 月，Apple 公司将 iPod touch 的系统也换成了 iPhone OS。

2010 年 2 月，Apple 公司发布 iPad，iPad 同样搭载了 iPhone OS。这一年，Apple 公司重新设计了 iPhone OS 的系统结构和自带程序。同年 6 月，Apple 公司将 iPhone OS 更名为 iOS，同时还获得了思科公司的 iOS 名称授权。

2012 年 6 月，Apple 公司在 WWDC 2012 上发布了 iOS 6，该系统提供了超过 200 项新功能。同年 9 月，Apple 公司发布 iOS 6 正式版，本次更新加强了针对中国用户的定制功能，如 Siri 开始支持中文，系统整合了新浪微博、163 邮箱等。

2013 年 6 月，Apple 公司在 WWDC 2013 上发布了 iOS 7，重绘了系统的 App 图标，去掉了所有的仿实物化，整体设计风格转为扁平化设计。同年 9 月苹果发布 iOS 7 正式版，带来超过 200 项全新功能。

2014 年 6 月，Apple 公司在 WWDC 2014 上发布了 iOS 8，并提供了开发者预览版更新。同年 9 月，Apple 公司发布 iOS 8 正式版。

2015 年 9 月，Apple 公司发布 iOS 9 正式版。

2016 年 9 月，Apple 公司发布 iOS 10 正式版，这是 Apple 公司推出移动操作系统以来最大的一次更新，特别增加了很多适应中国国情的功能，如骚扰电话识别、苹果地图的本地化等。

2017 年 9 月，Apple 公司发布 iOS 11 正式版。iOS 11 为 iPad 带来了更强大的生产力，具体通过新的程序坞、文件 App、多任务处理、拖动等功能来实现。iOS 11 一项重要的新功能是 AR 功能，这使得该系统成为世界最大的 AR 平台，用户用手机便可体验 AR 的无穷乐趣。此外，iOS 11 还带来了更生动、有趣的 Live Photo、相机扫码、App Store、控制中心、锁屏、勿扰模式等。

2018 年 9 月，Apple 公司发布 iOS 12 正式版，主要为旧的 iPhone 设备带来性能提升，并有部分全新功能。在当月的 Apple 公司秋季新品发布会上，Apple 公司 CEO 库克介绍了 Apple 生态的一些数据。他表示，搭载 iOS 系统的设备已达 20 亿部。

2019 年 6 月，Apple 公司在 WWDC 2019 上发布了 iOS 13。2019 年 9 月，Apple 公司发布 iOS 13.1 正式版，实现了诸多问题的修复和功能改进，包括 iPhone 11、iPhone 11 Pro 和 iPhone 11 Pro Max 上采用超宽频技术的隔空投送、快捷指令 App 中建议的自动化操作，以及地图 App 中的共享到达时间。2019 年 10 月，Apple 公司发布 iOS 13.2 正式版，支持 iPhone 6S 及后续机型，并在 iPhone 11、iPhone 11 Pro 和 iPhone 11 Pro Max 上推出了先进的图像处理系统 Deep Fusion，它使用 A13 仿生神经网络引擎拍摄纹理和细节更出众、低光环境下噪点更少的照片。2019 年 12 月，Apple 公司发布 iOS 13.3 正式版，包括改进和错误修复，并在"屏幕使用时间"中新增了家长控制。

2020 年 3 月，Apple 公司宣布将于北京时间 3 月 25 日为 iPhone、iPad 和 iPod touch 用户推送 iOS 13.4 和 iPadOS 13.4 正式版。除了重新设计的邮件工具栏和 iCloud 文件夹共享功能之外，iPadOS 13.4 还为 iPad 平台带来触控板和鼠标支持。同年 6 月，Apple 公司在 WWDC 2020 上发布了 iOS 14，它为 iOS 主屏幕带来了多年来最大的变化：小插件，另外还有 App 资源库、画中画模式等。同年 9 月，Apple 公司发布 iOS 14 正式版。iOS 14 更新了 iPhone 的核心使用体验，包括 App 重大更新和其他全新功能。同年 10 月，Apple 公司发布 iOS 14.1 正式版，加入了对新发布的 iPhone 12 Pro 的支持，新功能包括改进相机模式和新机型的 HDR 视频录制，增加了对 iPhone 8 及之后机型的照片中 10-bit HDR 视频播放和编辑的支持，并提高了与 Ubiquiti 无线接入点的兼容性。同年 11 月，Apple 公司发布 iOS 14.2 正式版，新增了 100 多个表情符号和 8 款墙纸，并带来了针对 iPhone 的其他新改进和错误修复。同年 12 月，Apple 公司发布 iOS 14.3 正式版，包括对 Apple Fitness＋和 AirPods Max 的支持，新增了在 iPhone 12 Pro 上拍摄 Apple ProRAW 照片的功能，在 App Store 中引入了隐私信息，以及针对 iPhone 的其他功能和错误修复。

2021 年 1 月，Apple 公司发布 iOS 14.4 正式版，本次更新支持 iPhone 相机识别更小的二维码，在 iPhone 12 系列产品中新增了相机无法验证为全新正品 Apple 相机时的通知功能，同时修复了 iPhone 12 Pro 拍摄的 HDR 照片中可能出现伪像的问题。同年 4 月，Apple 公司发布 iOS 14.5 正式版，包括佩戴口罩时通过 Apple Watch 解锁 iPhone 的选项，新增对 AirTag 的支持，支持为情侣表情符号单独选择不同肤色，并且新增 App 跟踪透明度功能，可让用户控制哪些 App 可在其他公司的 App 和网站中跟踪用户的活动。同年 5 月，Apple 公司发布 iOS 14.6 正式版，奠定了对 Apple Music 新功能的支持，包括具有杜比全景声 (Dolby Atmos) 的空间音频 (Spatial Audio) 和无损音频 (Lossless Audio)。同年 6 月，Apple 公司在 WWDC 2021 上发布 iOS 15，带来了全新的 FaceTime 与通知界面，并对照片、天气、钱包、地图等应用进行了改进。同年 10 月，Apple 公司发布 iOS 15.1 正式版，支持 AirPods 3，带来了同播共享及一系列改进。

2022年1月，Apple公司发布了iOS 15.4 Beta系统，为iPhone带来了多项新功能，正式支持戴口罩的Face ID面部解锁。新版中文版系统为Apple Music、TV应用带来了同播共享按钮，开启后即可与好友共同观看视频、聆听音乐。同年2月，Apple公司iOS 15.4 Beta iCloud钥匙串不再保存无用户名的密码。同年5月，Apple公司向iPhone用户推送了iOS 15.5 RC更新（内部版本号为19F77）。同年8月，Apple公司向iPhone和iPad推送了iOS/iPadOS 16开发者预览版Beta 6（内部版本号为20A5349b），官方接着发布了iOS/iPadOS 16公测版Beta 4（内部版本号同样为20A5349b）。在iOS 16中对天气应用进行了更新，包括新的通知类型，并增加了一些信息。

2023年6月，Apple公司在WWDC 2023大会上发布了iOS 17系统。iOS 17在电话、FaceTime和iMessage方面扩展了一些自定义功能，并新增了NameDrop（隔空投送）和Autocorrect（打字自动纠正）等功能。Apple公司还在大会上发布了首款AR设备Apple Vision Pro，iOS 17也对其进行支持。

1.3　iOS开发环境

1.3.1　Xcode简介

Xcode是运行在macOS上的集成开发工具（IDE），用于开发iOS、macOS、tvOS的应用程序，由Apple公司开发，其图标如图1.7所示。Xcode是开发macOS和iOS应用程序的最快捷方式。

Xcode具有统一的用户界面，代码编辑、代码编译、代码调试、程序打包、可视化编程、性能分析、版本管理等功能都在同一个窗口内完成。Xcode中可以编写Swift程序，同时也支持C、C++、Objective-C、Java代码。Xcode支持通过插件进行功能扩展，提供丰富的快捷键。Apple公司为用户提供了全套免费的Cocos程序开发工具（Xcode），和macOS一起发行，用户可以在Apple公司的官方网站下载Xcode。

图1.7　Xcode图标

1.3.2　Xcode的特点

（1）项目迁移

Xcode支持CodeWarrior风格的项目设置，能够将CodeWarrior项目文件快速方便地转移到Xcode。因为Xcode兼容CodeWarrior风格的在线编码，所以从CodeWarrior到Xcode转变的消耗得以降低，也使得开发人员可以手动调整应用程序的临界性能。Xcode为各种类型的macOS软件项目提供项目编辑、搜索和浏览、文件编辑、项目构建和调试设备等功能。

（2）辅助开发

Xcode可用来辅助开发应用程序、工具、架构、数据库、嵌入包、核心扩展和设备驱动程序。Xcode支持开发人员使用C、C++、Objective C、AppleScript和Java等语言编写程序。

(3) 协作运行

Xcode 能够和 MacOS 里众多其他的工具协作，例如和综合用户界面应用程序、gcc、javac、jikes 等编译器及 gdb 调试工具一起工作。

可以用 AppleScript Studio 组增加一个 Aqua 界面到系统和应用程序脚本、命令行工具及网络应用程序中。

(4) 运行高效

Xcode 将赋予用户创建诸如计算和渲染引擎应用程序的能力，这些应用程序使用 64 位内存地址。这非常适合数据集中的应用程序，通过访问内存中的数据运行速度更快，远胜于磁盘访问。Xcode 将为用户提供工具来建立并调试，适合 Intel Core i5、i7 和 MacOS X Lion 的 32 位或 64 位应用程序，还可以让用户创建 32 位和 64 位执行能力的 Fat Binaries。

(5) 操作便捷

Xcode 的虚拟模型和设计功能让用户可以更轻松地开发和维护应用程序。只需要选择应用程序中想要编写的部分，模型和设计系统将自动创建分类图表，不仅可以显示编码，还可以让用户进行浏览。macOS Core Data API 帮用户的应用程序创建数据结构。Xcode 还自动提供撤销、重做和保存功能，无须编写任何编码。

1.3.3 Xcode 工作界面

本书中的 Xcode 工作界面是 Xcode 11.2 版本的界面。首先在程序坞中单击 Xcode 图标启动软件，显示 Xcode 欢迎界面（如图 1.8 所示），这时可以选择 Xcode 项目的创建方式，或者在右侧选择最近打开过的项目。

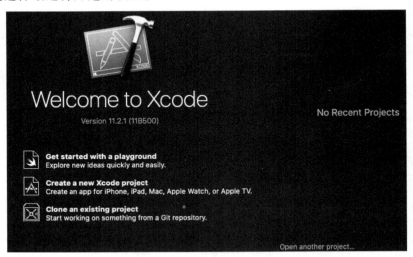

图 1.8 Xcode 欢迎界面

Xcode 启动后显示工作界面。界面主要分为 Xcode 菜单栏和 Xcode 窗口两部分，其中 Xcode 窗口由工具栏、导航栏、编辑区、调试区和功能区 5 个部分组成，如图 1.9 所示。

Xcode 工作界面的各区域的作用如下。

(1) 菜单栏

Xcode 菜单栏包括 12 个菜单项，如图 1.10 所示。

第1章 iOS开发概述

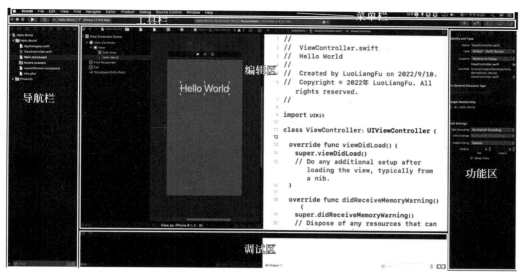

图 1.9 Xcode 工作界面

图 1.10 Xcode 菜单栏

Xcode 菜单：包含查看 Xcode 版本信息、设置 Xcode 扩展、打开 Xcode 首选项（可用于设置项目字体与颜色）、设置 Xcode 行为、隐藏 Xcode、关闭 Xcode 等功能。

File 菜单：包含新建项目/文件、添加外部文件到项目、打开项目/文件、关闭窗口/项目、保存、打开方式、打印等功能。

Edit 菜单：包含撤销、重做、剪切、复制、粘贴、删除等功能。

View 菜单：包含编辑区显示区域、代码审查区、导航区、调试区、功能区、组件库等子区域的显示/隐藏等功能。

Find 菜单：包含在项目中查找、在项目中查找和替换、在项目中查找制定文本、查找、查找下一个、查找前一个等功能。

Navigate 菜单：包含在项目导航区中显示、在下一个编辑区中显示、转移焦点、跳转至前/后一个显示区等功能。

Editor 菜单：包含仅显示编辑器窗口、显示预览窗口、显示助手编辑器窗口、布局设置等功能。

Product 菜单：包含项目运行、测试、分析、归档、编译、清理、选择项目方案、模拟器等功能。

Debug 菜单：包含调试暂停、继续、单步执行、进入调用单元、跳出调用单元、增加断点等功能。

Source Control 菜单：包含将源代码提交到源代码仓库，上传/下载到代码仓库中，为项目创建 Git 仓库、Clone 项目等功能。

Window 菜单：包含最小化、切换窗口大小、重命名窗口、打开开发文档、欢迎界面、设备与模拟器窗口、选择当前文件等功能。

Help 菜单：包含查找、开发文档、帮助信息等功能。

(2) 工具栏

工具栏位于 Xcode 窗口的顶部。Xcode 工具栏主要包括项目的编译与运行,停止项目的运行,选择项目运行使用的模拟器型号,当前项目运行的状态显示区,组件库,代码审查窗口、导航栏、调试区、功能区的隐藏/显示、窗口关闭、最小化、最大化功能,如图 1.11 所示。

图 1.11 Xcode 工具栏

(3) 导航栏

Xcode 导航栏位于 Xcode 窗口左侧的矩形区域,包括文件、过滤器等信息的导航显示区,如图 1.12 所示。

图 1.12 Xcode 导航栏

项目导航:采用树形结构显示当前项目文件夹、文件的信息,主要用来添加、删除、分组和打开文件。

源控制导航:显示源代码工作副本信息,主要用来查看源代码管理工作的副本、分支、提交、标记、远程存储库等信息。

符号导航:显示项目或制定范围内的符号信息,一般显示类中包含的方法及属性信息。

查找导航器:显示在项目文件和框架中查找指定关键字的信息,输入的英文关键字不区分大小写。

问题导航器:显示项目在打开、分析、构建时出现的警告或错误信息,界面分为编译时与运行时两种信息显示界面。

测试导航器:显示项目测试信息,可用于创建、管理、运行单元测试。

调试导航器:显示正在运行的线程与堆栈信息。

断点导航器:显示项目中的断点信息,可用于添加、删除和编辑断点。

报告导航器:显示应用开发过程中生成的报告和日期信息。

(4) 编辑区

Xcode 编辑区位于 Xcode 中间的矩形区域。iOS 支持可视化编程,所以编辑区承担了前端界面设计与代码编写两种任务,当打开 Main.storyboard 文件时编辑区显示为界面设计模式,当打开代码文件时编辑区显示为代码输入模式。界面设计模式中包含了组件列表、界面设计、模拟器选择、界面显示百分比、布局设置五个区域,如图 1.13 所示。代码输入模式如图 1.14 所示。

(5) 调试与输出区

调试与输出区位于 Xcode 窗口的底部,用来显示项目调试、运行后的输出信息。调试信息在左侧窗口显示,输出信息在右侧窗口显示,如图 1.15 所示。

(6) 功能区

功能区位于 Xcode 窗口的右侧,包括文件检测器、历史检测器、快速帮助检测器、标识检测器、属性检测器、尺寸检测器、连接检测器,如图 1.16 所示。

图 1.13　Xcode 编辑区界面设计模式

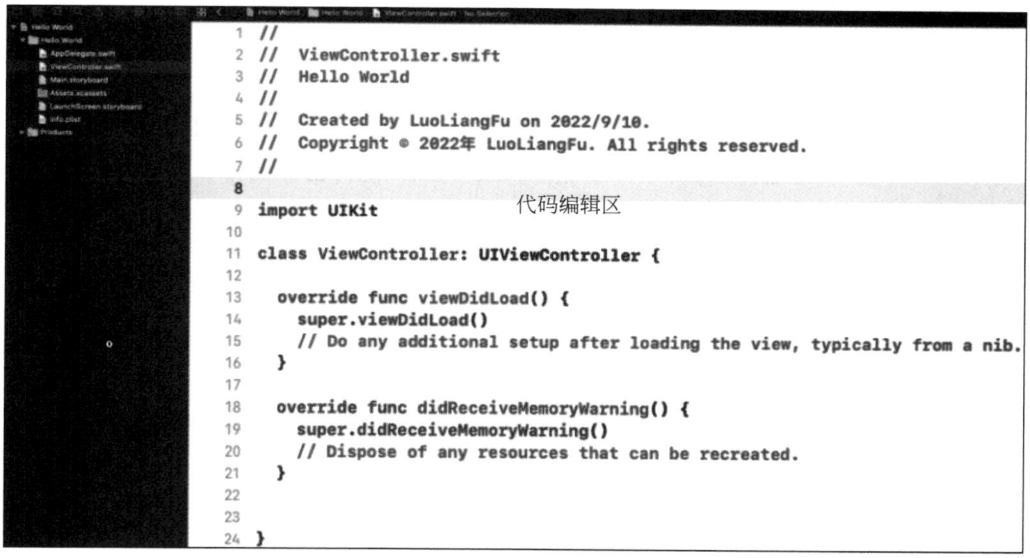

图 1.14　Xcode 编辑区代码输入模式

图 1.15　Xcode 调试与输出区

图 1.16　Xcode 功能区

1.3.4　Xcode 快捷键

Xcode 提供了许多快捷键,熟练使用这些快捷键可以使 iOS 开发工作更为高效。快捷键及其对应功能如表 1.7 所示。

表 1.7　Xcode 常用快捷键

快　捷　键	功　　　能
Command+R	项目的调试运行
Command+.	项目停止运行
Command+0	显示/隐藏导航器面板
Command+Option+0	显示/隐藏实用工具面板
Option+单击文件	在辅助编辑器中打开文件
Command+Shift+F	搜索导航器
Command+Shift+Y	显示/隐藏控制台
Command+Shift+O	跳转到某个方法定义或者指定的代码文件
Command+Shift+K	清除工程
Command+B	编译 App 工程
Option+Command+[	向上移动一/多行
Option+Command+]	向下移动一/多行
Command+Control+左箭头	返回上一个文件
Command+Control+右箭头	返回下一个文件
Option+Command+左方向键	折叠代码块
Option+Command+右方向键	展开代码块
Command+Option+Y	运行到下一个断点,如果没有下一个断点则一直运行
F6	单步调试
F7	进入函数
F8	跳出函数

1.4　Swift 概述

1.4.1　Swift 简介

Swift 是 Apple 公司于 2014 年 WWDC 苹果开发者大会上发布的开发语言,是一种支持多编程范式和编译式的开源编程语言,用于开发 iOS、macOS 和 watchOS 应用程序。

Swift 语言以雨燕为标志,如图 1.17 所示。Swift 代码文件的扩展名为.swift,本书基于 Swift5 版本进行语法讲解。

Swift 语言建立在 C、Objective-C 语言的基础之上,没有 C 语言的兼容性限制,采用安全模型的编程架构模式,支持 Cocoa 和 CocoaTouch 等主流框架,可与 Objective-C 共同运行于 macOS 和 iOS 平台。

图 1.17 Swift 图标

1.4.2 Swift 的特点

Swift 是一款易学易用的编程语言,而且它还是第一套具有与脚本语言同样表现力和趣味性的系统编程语言。Swift 的设计以安全为出发点,以避免各种常见的编程错误。Swift 的特点如下:

- Swift 代码不需要引入头文件或写在 main()内,单条语句不用加分号结尾,只有在一行中写入多句代码时才需要用分号分隔,Swift 采用安全的编程模式并添加了很多新特性,这使编程更简单、更灵活。
- Swift 使用自动引用计数(Automatic Reference Counting,ARC)来简化内存管理,在 Foundation 和 Cocoa 的基础上构建框架栈并将其标准化,可以轻松支持现代编程语言技术。
- Swift 是编程语言的最新研究成果,并结合了数十年建设 Apple 平台的经验,使得 Swift 的 API 更容易阅读和维护。
- Swift 采用了高性能的 Apple LLVM 编译器,Swift 代码转化为优化后的本地代码,充分利用现代化的 Mac、iPhone 和 iPad 的硬件,使得 Swift 编程高效而强大。
- Swift 支持过程式编程和面向对象编程,支持代码预览,这个特性允许程序员在不编译、运行应用程序的前提下执行 Swift 代码并实时查看结果。

1.4.3 Swift 程序的创建

Swift 程序在 Xcode 环境中运行,Apple 公司在 Xcode 中集成了 playground 功能,相较于标准的 Xcode 项目,playground 启动更快,使用更轻巧。本书中关于 Swift 部分的代码在 playground 中运行。

视频讲解

Swift 程序的创建过程如下。

(1) 在程序坞中单击图标启动 Xcode 软件,在欢迎界面选择使用 playground 方式进行创建,如图 1.18 所示。

(2) 在弹出的选择模板对话框中选择 iOS-Blank 类型,如图 1.19 所示。

(3) 在弹出的保存对话框中输入文件名,如 hello.swift,在下方面板中选择文件的保存位置,单击 Create 按钮创建 Swift 文件,如图 1.20 所示。

(4) 在弹出的 playground 窗口中输入代码,输入完毕之后单击左侧代码行号,或者单击底部控制台中的执行按钮运行代码。playground 具备实时执行功能,在代码行右侧会显示当前代码行的执行效果。如果代码出现错误或警告,也会在 playground 窗口右侧给出提示信息。

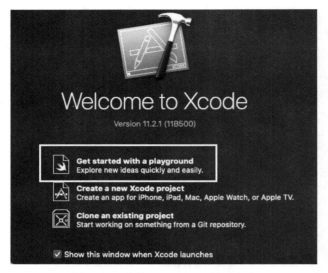

图 1.18　选择 playground 创建方式

图 1.19　选择模板

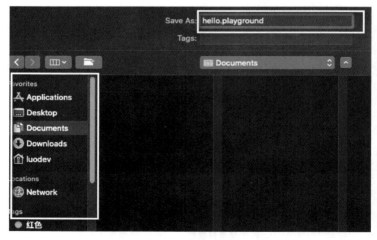

图 1.20　文件保存

1.4.4　Swift 基本语法

1. Swift 语句

Swift 中每条语句末尾不需要添加分号，只有将多条语句写到同一行中时才需要使用分号进行分隔，如图 1.21 所示。

2. Swift 注释

(1) 单行注释

Swift 的单行注释为两个反斜线,后面是注释内容。语法格式如下:

```
//一行中的单条语句
print("Hello Swift!")
//一行中的多条语句
var v1 = 1;var v2 = 2;var v3 = 3
```

图 1.21 Swift 语句

```
//注释内容
```

(2) 多行注释

Swift 的多行注释以/ * 开始,以 * /结束,在多行注释的起止符号之间可以有多行注释信息。语法格式如下:

```
/* 注释 1
   注释 2
   ……
*/
```

Swift 多行注释允许嵌套,即在一个多行注释文本中写入其他的多行注释信息。

Swift 单行注释与多行注释示例如图 1.22 所示。

3. Swift 引入语句

可以使用 import 语句来引入第三方库或包到 Swift 程序中,使用方法如图 1.23 所示。语法格式如下:

```
import 包名/第三方库名
```

```
// 我的第一个Swift程序
var myString = "Hello, World!"
/*
作者:罗良夫
日期:2023年1月1日
*/
print(myString)
```

图 1.22 多行注释的嵌套

```
import Cocoa
import AVFoundation
```

图 1.23 import 语句

4. Swift 输入语句

Swift 通过 readLine()方法从控制台中获取用户的输入信息,readLine()方法执行后程序会在终端执行,等用户在控制台中输入文本后自动往下执行。语法格式如下:

```
var inputString:String? = readLine()
```

注:readLine()方法返回一个可选型的字符串,关于字符串与可选型在后续章节中会进行介绍。

5. Swift 输出语句

Swift 使用 print()方法在控制台中输出数据,输出数据后会自动进行换行操作。语法格式如下:

```
print(items,separator,terminator)
```

参数介绍如下:

items 表示需要在控制台中输出的内容,可以是常量、变量、字面值等;

separator 表示多个输出内容间的分隔符设置,默认值为单个空格(" "),可以省略;

terminator 表示在输出所有数据后要打印的字符串,默认值为换行符"\n",可以省略。

print()方法在学习 Swift 的过程中使用较频繁,使用技巧较多,具体用法如图 1.24 所示。

```
//示例1: 使用print()函数输出字符串
print("Hello world.")
print("I love study Swift!")
//示例2: 打印常量、变量、字面量
var str = "Hello World."
print(str)
print(3.14)
//示例3: 使用终止符参数设置输出后不换行
print("Hello World.", terminator: "")
print("I love study Swift!")
//示例4: 在多个输出数据之间添加分隔符
print("Hello World", 2022, "See you soon.", separator: "-")
//示例5: 输出回车符\r
print("Hello, \rWorld!")
```

图 1.24　print()的使用技巧

1.4.5　Swift 在线编译环境

随着互联网的飞速发展，很多服务都提供了线上形式的服务。目前网上出现了不少针对 Swift 程序的在线编程环境，下面介绍一些常用的 Swift 在线编程网站。

1. JSRUN

JSRUN 在线编辑器是一个在线编程的网站（如图 1.25 所示），可以在线运行 Swift、Objective-C、Node.js、PHP、Java、C、C++、Python、Go、Kotlin、Rust、Dart、R、C♯、Ruby 等数十种语言编写的代码。网站还提供了包括 Swift 在内的多种语言的教程，且代码的运行速度较快。

JSRUN 网站的地址为 http://swift.jsrun.net/。

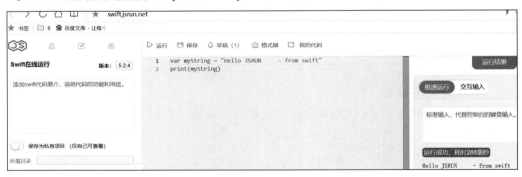

图 1.25　JSRUN 网站

2. DOOCCN

DOOCCN 是一个界面简洁但功能强大的在线编译网站（如图 1.26 所示），支持 Swift、Objective-C、PHP 等数十种语言的代码运行，代码执行速度较快。网站地址为 https://www.dooccn.com/swift/。

3. RUNOOB

RUNOOB 是菜鸟教程提供的一款在线编译环境（如图 1.27 所示），同样支持 Swift、Java、C++等主流编程语言的代码编写和运行。RUNOOB 主要用来配合菜鸟教程中的学习内容，比较适合编程语言的学习。

RUNOOB 网站的地址为 https://c.runoob.com/compile/20/。

图 1.26　DOOCCN 网站

图 1.27　RUNOOB 网站

1.5　小结

　　macOS 是 Apple 公司开发的运行于 Macintosh 系列计算机上的操作系统，iOS 应用的开发需要在 macOS 环境下进行。不同版本的 macOS 系统需要安装在不同型号的 Mac 设备上。macOS 系统的界面和 Windows 系统之间有差异，包括功能键的名称也不相同，学习 iOS 开发之前需要熟悉 macOS 的常用操作。

　　iOS 是 Apple 公司开发的在移动设备上运行的操作系统，iPad、iPhone、iPod touch 设备上都可以使用 iOS 系统。iOS 应用的开发需要使用 Xcode 开发环境，Xcode 界面主要包括 Xcode 菜单栏和 Xcode 窗口两部分，其中 Xcode 窗口由工具栏、导航栏、编辑区、调试区、功能区 5 个部分组成。

　　Swift 是 Apple 公司于 2014 年 WWDC 苹果开发者大会上发布的开发语言，是一种支持多编程范式和编译式的开源编程语言。在 Xcode 中一般使用 playground 进行 Swift 程序的创建。Swift 程序不仅可以在 Xcode 中运行，也可以在多个在线平台上编写与运行。

习题

一、单选题

1. macOS 是一套由 Apple 公司开发的、运行于 Macintosh 系列（　　）上的操作系统。
   A. 计算机　　　　B. 手机　　　　C. iPad　　　　D. 手表

2. Swift 语言以雨燕为代表符号，Swift 源代码文件的扩展名为(　　)。
   A. doc　　　　　　B. swift　　　　　　C. oc　　　　　　D. src
3. Xcode 中运行项目的快捷键是(　　)。
   A. Command+O　　　　　　　　　　B. Command+B
   C. Command+Y　　　　　　　　　　D. Command+R
4. 以下各项中(　　)不是 iOS 系统的特点。
   A. iOS 提供了内置的安全性，用来防止恶意软件和病毒
   B. iOS 系统支持 30 多种语言，且可以在各种语言之间进行切换
   C. iOS 系统的评级功能可以有效应对欺诈行为
   D. iOS 系统功能强大，但是需要用户额外支付系统使用费
5. macOS 中通过(　　)功能对系统中的文件进行管理。
   A. 应用程序　　　B. 系统偏好设置　　　C. 访达　　　D. 程序坞
6. Swift 中通过(　　)语句来导入第三方包的语句。
   A. import　　　　B. include　　　　C. open　　　　D. export

二、填空题
1. macOS 是基于_____混合内核的图形化操作系统。
2. Swift 中每条语句的_____位置添加分号，Swift 的单行注释为_____。
3. Swift 在线编译环境包括_____、_____与 RUNOOB。
4. Swift 程序可以在欢迎界面选择使用_____方式创建。

实训　Swift 程序的创建

（1）在程序坞中单击图标启动软件 Xcode，在欢迎界面选择使用 playground 方式进行创建。

（2）在弹出的选择模板对话框中选择 iOS 的 Blank 模板，单击 Next 按钮，如图 1.28 所示。

图 1.28　选择模块

（3）在弹出的保存对话框中输入文件名，如 iOSStudy.swift，在面板中选择文件的保存位置，单击 Create 按钮创建 Swift 文件，如图 1.29 所示。

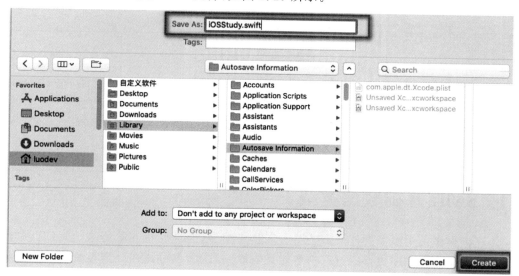

图 1.29　创建 Swift 文件

（4）在弹出的 playground 窗口中输入以下代码：

```
//Swift 示例程序
let ios = "I like learning iOS."
var swift = "Swift is a very good programming language."
print(ios)
print(swift)
```

（5）单击左侧代码行号，或者单击控制台底部的执行按钮，运行代码。

第 2 章

Swift数据类型与运算符

2.1 Swift 基础数据类型

计算机程序是用程序设计语言按照一定算法编写的代码,目的是解决一定的问题或者实现某些功能。在程序执行的过程中可能需要输入数据,也可能在处理过程中产生各种类型的数据,程序的执行结果可能以某种数据格式进行存储或展示,可见程序设计离不开数据。

现实世界中的事物在程序中通过数据来表示,现实世界的复杂性导致了数据的多样性,数据的多样性决定了多种数据类型的产生。程序中的数据类型决定了数据存储时所占内存的空间大小,Swift 作为一种高级程序设计语言,本身已提供了比较丰富的基础数据类型,以下列举各种基础数据类型的作用与特点。

视频讲解

2.1.1 整数类型

Swift 整数分为有符号类型的整数与无符号类型的整数两类,两者的区别在于整数的二进制最高位是否为符号位,有符号整数的最高位为 0 时表示正数,而无符号整数最高位用来表示数值。每类整数又分为 8 位、16 位、32 位和 64 位四种,不同二进制位数的整数类型对应的存储范围不同,每种整数类型的具体说明如表 2.1 所示。

表 2.1 Swift 整数类型

整 数 类 型	关键字	所占空间(位数)	存 储 范 围
有符号整数类型	Int8	1 字节(8 位)	−128~127
	Int16	2 字节(16 位)	−32 768~32 767
	Int32	4 字节(32 位)	−2 147 483 648~2 147 483 647
	Int64	8 字节(64 位)	−9 223 372 036 854 775 808~9 223 372 036 854 775 807
无符号整数类型	UInt8	1 字节(8 位)	0~255
	UInt16	2 字节(16 位)	0~65 535
	UInt32	4 字节(32 位)	0~4 294 947 295
	UInt64	8 字节(64 位)	0~18 446 744 073 709 551 615

除了表 2.1 中 8 种定长的整数类型,Swift 提供了一种变长的整数类型 Int,它的位数与所在计算机的操作系统位数相同,32 位系统中长度为 32 位,64 位系统中长度为 64 位。

Swift 支持面向对象编程,每种基础数据类型不仅表示数值的存储范围,同时也是一种包含属性和方法的类,例如可以通过整数类型名查询其允许存储的最大值与最小值。

例 2.1 显示各整数类型的最大值与最小值。

程序代码:

```
/**
 * 功能:显示 Swift 整数类型的最大值与最小值
 * 作者:罗良夫
 */
print("Int8 类型的最大值:",Int8.max)
print("Int8 类型的最小值:",Int8.min)
print("UInt8 类型的最大值:",UInt8.max)
print("UInt8 类型的最小值:",UInt8.min)
print("Int64 类型的最大值:",Int64.max)
print("Int64 类型的最小值:",Int64.min)
print("UInt64 类型的最大值:",UInt64.max)
print("UInt64 类型的最小值:",UInt64.min)
print("Int 类型的最小值:",Int.min)
print("Int 类型的最大值:",Int.max)
```

执行结果:

```
Int8 类型的最大值: 127
Int8 类型的最小值: -128
UInt8 类型的最大值: 255
UInt8 类型的最小值: 0
Int64 类型的最大值: 9223372036854775807
Int64 类型的最小值: -9223372036854775808
UInt64 类型的最大值: 18446744073709551615
UInt64 类型的最小值: 0
Int 类型的最小值: -9223372036854775808
Int 类型的最大值: 9223372036854775807
```

2.1.2 浮点数类型

Swift 提供了 Float 与 Double 两种浮点数类型,Float 类型的小数部分保存 6 位有效数字,Double 类型的小数部分保存 15 位有效数字。Swift 代码在不指定数据类型的情况下,系统自动将浮点数看作 Double 类型。Float 类型与 Double 类型的特点如表 2.2 所示。

视频讲解

表 2.2 Swift 浮点数类型

数 据 类 型	关 键 字	所占空间(位数)
单精度浮点数	Float	4 字节(32 位)
双精度浮点数	Double	8 字节(64 位)

Swift 浮点数类型提供了科学计数的表示形式,语法格式如下:

数值部分 e/E 指数部分

Swift 提供了数据类型检查的方法,语法格式如下:

变量/常量/字面值 is 数据类型

例 2.2 浮点数类型的使用。

程序代码：

```
/**
 * 功能:浮点数类型的应用
 * 作者:罗良夫
 */
//输出 Float 类型的值
let f:Float = 3.14
print("f = \(f)")
//输出 Double 类型的值
let d:Double = 3.14
print("d = \(d)")
//判断 Swift 的默认浮点数类型
print("3.14 是不是 Double 类型:",3.14 is Double,separator:"")
//测试 Float 类型的精度位数
let fp:Float = 1.12345678
print("fp = \(fp)")
//测试 Double 类型的精度位数
let dp = 1.12345678901234567
print("dp = \(dp)")
```

执行结果：

```
f = 3.14
d = 3.14
3.14 是不是 Double 类型:true
fp = 1.1234568
dp = 1.1234567890123457
```

视频讲解

2.1.3 布尔类型

Swift 为"真/假""是/否"类数据提供了布尔类型，一般用在条件判断表达式中。布尔类型的特点如表 2.3 所示。

表 2.3 Swift 布尔类型

数 据 类 型	关 键 字	所占空间(位数)	取 值 范 围
布尔类型	Bool	1 字节(8 位)	true/false

Swift 中 Bool 类型的值不能与 0 或非 0 类的值之间进行自动转换，不能将数值类型的值直接赋给 Bool 类型的容器。Swift 区分大小写，Bool 类型的值不能写成 True、TRUE 等。

例 2.3 Bool 类型的特点。

程序代码：

```
/**
 * 功能:布尔类型的特点
 * 作者:罗良夫
 */
//Bool 型数据的定义
let value:Bool = true
print(value)
//验证 Bool 值与整数间是否能转换
```

```
let test:Bool = 1
```

执行结果：

```
value = true
error: cannot convert value of type 'Int' to specified type 'Bool'
```

2.1.4 字符类型

视频讲解

对于文本类数据，Swift 提供了两种数据类型来表示，分别是 Character 与 String 类型，其中 Character 类型用于存储字符类数据，String 类型用于存储字符串类型的数据。两种数据类型的特点如表 2.4 所示。

表 2.4 Swift 字符类型与字符串类型

数 据 类 型	关 键 字	存 储 数 据
字符类型	Character	1 个字符
字符串类型	String	0 到多个字符

Character 类型虽然只保存一个字符的数据，但是在内存空间中仍占多字节，具体占用的字节数由所在平台的位数决定。

Swift 提供了转义字符，作用是转换部分字符原有的含义或功能，如表 2.5 所示。

表 2.5 Swift 转义字符

转 义 字 符	含义或功能	转 义 字 符	含义或功能
\0	空字符	\r	回车符
\\	反斜线	\"	双引号
\t	水平制表符	\'	单引号
\n	换行符		

在 Swift3 之后系统提供了一种获取数据类型长度的方式，即枚举类型 MemoryLayout，可以通过其 size 成员获取对应类型的字节数，语法格式如下：

```
MemoryLayout<数据类型关键字>.size           //获取指定数据类型所占字节数
MemoryLayout.size(ofValue:常量/变量/字面值)  //获取指定数据所占字节数
```

例 2.4 字符类型与字符串类型的使用。

程序代码：

```
/**
 * 功能:字符类型与字符串类型的使用
 * 作者:罗良夫
 */
//保存并输出 Character 类型数据
let c:Character = "Y"
print("c:",c,separator:"")
//保存并输出 String 类型数据
let name:String = "罗良夫"
print("name:",name,separator:"")
//查看 Character 类型数据所占字节数
print("c 占的字节数为:",MemoryLayout.size(ofValue:c),separator:"")
//查看 String 类型数据所占字节数
print("name 占的字节数为:",MemoryLayout.size(ofValue:name),separator:"")
```

```
//转义字符的使用
print("空字符\0 不显示.")
print("2022\\09\\14")
print("\t 制表符")
print("Hello\nWorld.")
print("你好\r 世界.")
print("\"双引号\"")
print("\'单引号\'")
```

执行结果：

```
c:Y
name:罗良夫
c 占的字节数为:16
name 占的字节数为:16
空字符不显示.
2022\09\14
    制表符
Hello
World.
你好
世界.
"双引号"
'单引号'
```

视频讲解

2.1.5 元组类型

Swift 提供了一种独特的数据类型——元组，用于将多个数据组合成一个命名数据，这多个数据可以是相同数据类型，也可以是不同的数据类型。元组类型与其他数据类型不同，在 Swift 中没有对应的关键字，通过在元组元素值两边添加小括号"()"来标识。元组定义的语法格式如下。

定义无名元素元组的语法格式：

let 元组常量名 = (元素 1,元素 2,……)

注：let 关键字用于定义常量，本书后续章节会进行详细介绍。

定义命名元素元组的语法格式：

let 元组常量名 = (元素名 1:元素值 1,元素名 2:元素值 2,……)

存储元组中部分值的语法格式：

let (_,常量名) = 元组名

注：下画线_表示不接受元组中对应位置的值，=左边括号中容器的数量要与元组中元素的数量相等。

访问无名元组元素值的语法格式：

元组名.下标

注：无名元组的元素下标从 0 开始计数。

访问命名元组元素值的语法格式：

元组名.元素名

例 2.5 元组的使用。

程序代码:

```
/**
 * 功能:元组的使用
 * 作者:罗良夫
 */
//定义无名元组
let nl = ("罗良夫",37,"男","副教授")
//定义命名元组
let tup = (year:2022,month:9,date:14)
//显示无名元组
print("nl:",nl,separator:"")
//显示命名元组
print("tup:",tup,separator:"")
//访问并显示无名元组元素
print("作者信息:",terminator:"")
print(nl.0,nl.1,nl.2,nl.3,separator:",")
//访问并显示命名元组元素
print("日期:",terminator:"")
print(tup.year,tup.month,tup.date,separator:"-")
//元组只保存部分值
let (name,_,_,_) = nl
print("name:",name,separator:"")
```

执行结果:

```
nl:("罗良夫", 37, "男", "副教授")
tup:(year: 2022, month: 9, date: 14)
作者信息:罗良夫,37,男,副教授
日期:2022-9-14
name:罗良夫
```

2.1.6 可选类型

视频讲解

Swift 给未初始化时的状态定义了一种数据类型——可选型,用来处理值可能为空的情况,可选型对应的关键字是"?"。Swift 中用 nil 表示值缺失,对任何类型的可选状态都可赋值为 nil。

可选型无法直接使用,在使用时需要用"!"来获取值,所以在展开可选型的数据时要确保其中有值,具体语法格式如下。

定义可选型容器的语法格式:

`let 容器名:数据类型?`

获取可选型容器值的语法格式:

`容器名!`

例 2.6 可选类型的使用。

程序代码:

```
/**
 * 功能:可选类型的使用
 * 作者:罗良夫
```

```
 */
//定义可选型常量容器,并复制为 nil
var name:String? = nil
//使用可选型数据
if let tmp = name{
    print("name:",tmp,separator:"")
}else{
    name = "罗良夫"
    print("name:",name!,separator:"")
}
//空字符串不等于 nil
var like:String? = ""
if let tmp = like{
    print("我的爱好是:",tmp,".",separator:"")
}else{
    like = "cycle"
    print("我的爱好是:",like!,".",separator:"")
}
//0 不等于 nil
var age:Int8? = 0
if let tmp = age{
    print("我的年龄是:",tmp,"岁.",separator:"")
}else{
    age = 37
    print("我的年龄是:",age!,"岁.",separator:"")
}
```

执行结果:

```
name:罗良夫
我的爱好是:。
我的年龄是:0 岁。
```

2.1.7　Swift 数据类型的特点

视频讲解

1. 数据类型的别名

为了便于对程序代码的理解,Swift 提供了给数据类型定义别名的功能。数据类型通过关键字 typealias 进行定义,语法格式如下:

typealias 类型别名 = 数据类型名

2. 数据类型安全

Swift 是一种数据类型安全的编程语言,程序在编译时会进行类型检查,能够使程序员及时发现并修复数据类型的错误。

3. 类型推断

当需要处理不同类型的值时,类型检查可以用来避免错误,如果没有显式指定类型,Swift 会使用类型推断来选择合适的类型,以提高程序的健壮性。

例 2.7　Swift 数据类型的特点。

程序代码:

```
/**
 * 功能:Swift 数据类型的特点
```

```
 * 作者:罗良夫
 */
//数据类型别名的定义
typealias ageInt = UInt8
var age:ageInt = 37
print("age:",age,separator:"")
//类型安全测试
var height = 178
// age = "三十七"
print(height)
//类型推断演示
let v1 = 37
print("v1 is Int:",v1 is Int,separator:"")
let v2 = 3.14
print("v2 is Double:",v2 is Double,separator:"")
let sum = 1.28 * 2
print("sum = ",sum,separator:"")
```

执行结果：

```
age:37
178
v1 is Int:true
v2 is Double:true
sum = 2.56
```

2.1.8 字面值

Swift字面值指的是具体的数值。根据数据类型的不同,Swift字面值分为整数型字面值、浮点数型字面值、布尔型字面值、字符型字面值、字符串型字面值、元组型字面值等。下面介绍几种常见字面值的特点。

1. 整数型字面值

整数型字面值可以是一个十进制、二进制、八进制或十六进制的数值。整数的默认进制类型是十进制,所以十进制字面值不需要添加前缀,二进制前缀为0b,八进制前缀为0o,十六进制前缀为0x,如123、0b1001、0o67、0xFE。

2. 浮点数型字面值

浮点数型字面值分为十进制形式和十六进制形式两种,编程的过程中可以采用定点式写法和浮点式写法,并且十六进制浮点数必须采用浮点式。定点式写法如1.23。浮点式写法分为十进制与十六进制两种,十进制浮点数写法为"底数+e+指数"的形式,如1.23e2等价于1.23×10^2;十六进制浮点数写法为"底数+p+指数"的形式,如0xAE.2p2等价于$0xAE2 \times 16^2$。

浮点数型字面值允许使用下画线_来增强数字的可读性,下画线会被系统忽略,因此不会影响字面值。同样地,也可以在数字前加0,并不会影响字面值。

例2.8 字面值示例。

程序代码:

```
/**
 * 功能:字面值示例
```

```
 * 作者:罗良夫
 */
//十进制、二进制、八进制、十六进制整数型字面值
let intValue10 = 37
let intValue2 = 0b01101
let intValue3 = 0o762
let intValue4 = 0x9DA
print("intValue10:",intValue10,separator:"")
print("intValue2:",intValue2,separator:"")
print("intValue3:",intValue3,separator:"")
print("intValue4:",intValue4,separator:"")
//十进制、十六进制浮点数型字面值
let double10 = 3.14
let double10e = 314e-2
let double16 = 0x5d.31p2
print("double10:",double10,separator:"")
print("double10e:",double10e,separator:"")
print("double16:",double16,separator:"")
```

执行结果:

```
intValue10:37
intValue2:13
intValue3:498
intValue4:2522
double10:3.14
double10e:3.14
double16:372.765625
```

2.2 Swift 常量与变量

2.2.1 Swift 常量

Swift 常量是指创建之后在程序运行过程中其值不能发生改变的数据容器,在 Swift 中用 let 关键字进行定义。常量的值不需要在编译时指定,但至少需要被赋值一次。在使用常量之前必须对其进行声明和定义。声明用来确定该数据容器是常量,定义是对常量中存放的数据进行类型标注。类型标注是指在定义常量时在常量名后面添加":数据类型"。

Swift 支持类型推断,在常量定义时可以省略对数据类型的定义。常量根据其存储的数据的类型,分为整数型常量、浮点数型常量、布尔型常量、字符型常量、字符串型常量等。

常量定义的语法格式:

```
let 常量名:数据类型 = 值
```

注:数据类型标注部分可以省略。

例 2.9 Swift 常量的定义。

程序代码:

```
/**
 * 功能:Swift 常量的定义
 * 作者:罗良夫
 */
```

```
//整数型常量
let age = 37
print("我的年龄是:",age,separator:"")
//浮点数型常量
let height:Double
height = 1.78
print("我的身高是:",height,separator:"")
//字符串型常量
let like:String = "骑行"
print("我的爱好是:",like,separator:"")
//布尔型常量
let married:Bool = true
print("是否已婚:",married,separator:"")
//测试常量能否被多次赋值
let value:Int8 = 12
value = 35
print(value)
```

执行结果：

```
我的年龄是:37
我的身高是:1.78
我的爱好是:骑行
是否已婚:true
 error: cannot assign to value: 'value' is a 'let' constant
```

2.2.2 Swift 变量

视频讲解

Swift 变量是指创建后在程序运行的过程中其值可以被修改的数据容器，在 Swift 中用关键字 var 进行定义。Swift 变量需要先进行定义然后再使用，Swift 中的每个变量具有特定的类型，它决定了变量存储的大小，以及在存储器内存储的值的范围。

变量在定义时可以省略类型标注，系统会根据变量中存放的数据进行自动推断，变量中存放的数据可以发生变化，但变量对应的数据类型在定义后不能发生变化。根据变量存放数据的类型，可以分为整数型变量、浮点数型变量、字符型变量、字符串型变量、布尔型变量等。

变量定义的语法格式：

var 变量名:数据类型 = 值

注：数据类型标注部分可以省略。

例 2.10 Swift 变量的定义与使用。

程序代码：

```
/**
 * 功能:Swift 变量的定义与使用
 * 作者:罗良夫
 */
//整数型变量
var age = 37
print("我的年龄是:",age,separator:"")
//浮点数型变量
var height:Double
height = 1.78
```

```swift
print("我的身高是:",height,separator:"")
//字符串型变量
var like:String = "骑行"
print("我的爱好是:",like,separator:"")
//布尔型变量
var married:Bool = true
print("是否已婚:",married,separator:"")
//一次定义多个相同/不同数据类型的变量
var a = 1 , b = 2 , c:Int;
c = 3
var d = 4 , e = true , f = "hello"
print("a = ",a,separator:"")
print("b = ",b,separator:"")
print("c = ",c,separator:"")
print("d = ",d,separator:"")
print("e = ",e,separator:"")
print("f = ",f,separator:"")
//测试变量数据类型是否能被修改
var value:Int8 = 32
value = "三十二"
print("value = ",value,separator:"")
```

执行结果:

```
我的年龄是:37
我的身高是:1.78
我的爱好是:骑行
是否已婚:true
a = 1
b = 2
c = 3
d = 4
e = true
f = hello
error: cannot assign value of type 'String' to type 'Int8'
```

视频讲解

2.2.3 标识符与关键字

1. 标识符

Swift 标识符是程序中常量、变量等元素的名称,是对多个同类型元素的区分方法。Swift 标识符分为两类:一类是用户自定义标识符;一类是 Swift 定义的标识符,也称作关键字。Swift 用户自定义标识符在命名过程中需要遵循一定的规则,具体内容如下:

- 标识符由字母(a~z、A~Z)、数字(0~9)、下画线(_)组成;
- 标识符首字符不能是数字,防止与数据混淆;
- Swift 语言区分大小写,Swift 与 swift 属于两个不同的标识符;
- 不能直接使用 Swift 关键字作为自定义标识符。

2. 关键字

Swift 关键字是类似于标识符的保留字符序列。关键字是对编译器具有特殊意义的预定义保留标识符,不能直接作为用户自定义标识符。

Swift 关键字分为 4 类,如下所示。

声明类关键字

class	deinit	enum	extension
func	import	init	internal
let	operator	private	protocol
public	static	struct	subscript
typealias	var		

流程控制类关键字

break	case	continue	default
do	else	fallthrough	for
if	in	return	switch
where	while		

表达式和类型关键字

as	dynamicType	false	is
nil	self	Self	super
true	_COLUMN_	_FILE_	_FUNCTION_
LINE			

其他关键字

associativity	convenience	dynamic	didSet
final	get	infix	inout
lazy	left	mutating	none
nonmutating	optional	override	postfix
precedence	prefix	Protocol	required
right	set	Type	unowned
weak	willSet		

Swift 关键字可以通过添加反引号(``)来作为用户自定义标识符,如 do 是关键字,`do` 则是用户自定义标识符。

例 2.11 Swift 标识符与常用关键字。

程序代码:

```
/**
* 功能:Swift 标识符与常用关键字
* 作者:罗良夫
*/
//字母标识符
let name = "罗良夫"
print("name:",name,separator:"")
//字母 + 数字标识符
let student1 = "学生 1"
print("student1:",student1,separator:"")
//字母 + 数字 + 下画线标识符
let _path1 = "d:\\Swift"
print("_path1:",_path1,separator:"")
//关键字加上反引号作为标识符
let `do` = "执行"
```

```
print("`do`:",`do`,separator:"")
//标识符区分大小写
let sum:Int = 0 , SUM:String = "总和"
print("sum:",sum,separator:"")
print("SUM:",SUM,separator:"")
```

执行结果:

```
name:罗良夫
student1:学生 1
_path1:d:\Swift
`do`:执行
sum:0
SUM:总和
```

2.3 运算符与表达式

Swift 程序的数据处理操作主要通过表达式实现,表达式由数据和运算符组成。运算符根据运算的类别不同,分为算术运算符、关系运算符、逻辑运算符、区间运算符、溢出运算符、位运算符、赋值运算符、条件运算符、空合运算符、括号运算符等,每种运算符都需要特定的操作数,构成对应表达式来实现具体的数据处理操作。

2.3.1 算术运算符

视频讲解

算术运算符包括加、减、乘、除、取余运算符,运算符号分别为＋、－、＊、/、％。算术运算符具有左结合性。

算术运算符是二元运算符,用来构成算术表达式,在运算符两侧分别添加一个操作数,操作数可以是正/负整数、浮点数、常量、变量或结果为数值的表达式。算术表达式的计算结果为数值。

Swift 取余运算(％)中运算结果的正负号由被除数(分子)决定,具体计算规律如下:
- 正数 ％ 正数 ＝ 正数;
- 正数 ％ 负数 ＝ 正数;
- 负数 ％ 正数 ＝ 负数;
- 负数 ％ 负数 ＝ 负数。

注:当被除数(分子)为负数时,取余运算符％两侧各需要添加一个空格,％两边只能是整型操作数。

一个表达式中可能出现多种运算符,不同运算符具有不同的优先级,不同优先级决定了运算的先后次序。算术运算符的优先级如下:
- ＊、/、％优先级相同;
- ＋、－优先级相同;
- ＊、/、％优先级高于＋、－;
- 优先级相同的运算符同时出现时,按运算符结合性进行运算,对算术运算符来说就是从左至右进行运算。

算术运算表达式的语法格式:

操作数1 算术运算符 操作数2

注：+运算符可以用于字符串，实现+左右两边字符串的拼接操作。

例2.12 Swift算术运算符的使用。

程序代码：

```
/**
 *功能:Swift算术运算符的使用
 *作者:罗良夫
 */
//加法运算
print("169 + 186 = ",169 + 186,separator:"")
var a:Int = 15 , b:Int = 927
print("a + b = ",a + b,separator:"")
var c = 3.14
print("c + 2.5 = ",c + 2.5,separator:"")
let d = 42 , e = 65
print("d + e = ",d + e,separator:"")
//字符串拼接运算
var str1 = "Hello " , str2 = "World!"
print("str1 + str2 = ",str1 + str2,separator:"")
//减法运算
print("864 - 1000 = ",864 - 1000,separator:"")
let f = 5.92 , g = 4.2
print("f - g = ",f - g,"")
var h = 82.3
print("h - 20.7 + 3.1 = ",h - 20.7 + 3.1,separator:"")
//乘法运算
print("-3.2 * 5.9 = ",-3.2 * 5.9,separator:"")
let i = 562.3 , j = 9.8
print("i * j = ",i * j,separator:"")
//除法运算
print("-12046/362 = ",-12046/362,separator:"")
let k = 128
var l = 37
print("k/l = ",k/l,separator:"")
//取余运算
print("9 % 4 = ",9 % 4,separator:"")
print("173 % -79 = ",173 % -79,separator:"")
var m = -128
print("m % 52 = ",m % 52,separator:"")
let n = -1024
print("n % -38 = ",n % -38,separator:"")
```

执行结果：

```
169 + 186 = 355
a + b = 942
c + 2.5 = 5.640000000000001
d + e = 107
str1 + str2 = Hello World!
864 - 1000 = -136
f - g =  1.7199999999999998
h - 20.7 + 3.1 = 64.69999999999999
-3.2 * 5.9 = -18.880000000000003
```

```
i * j = 5510.54
-12046/362 = -33
k/l = 3
9 % 4 = 1
173 % -79 = 15
m % 52 = -24
n % -38 = -36
```

2.3.2 关系运算符

视频讲解

关系运算符表示的是两个数据的大小关系。Swift 提供了大于、大于或等于、小于、小于或等于、等于、不等于 6 种关系运算符,对应的符号分别为>、>=、<、<=、==、!=。

关系运算符是二元运算符。关系运算符可以构成关系表达式,关系表达式中的操作数可以是正/负整数、浮点数、字符型、字符串型、常量、变量等,关系运算符的计算结果为布尔型。

关系表达式的语法格式:

操作数1　关系运算符　操作数2

注:不等于(!=)运算符两边需要添加空格,关系运算符两边需要是相同类型的操作数,或者是能够通过 Swift 类型推断转换的类型。

例 2.13 关系运算符的使用。

程序代码:

```
/**
 *功能:关系运算符的使用
 *作者:罗良夫
 */
//大于运算
print("92874>32767 = ",92874>32767,separator:"")
var a = 12.9 , b = 8.2
print("a>b = ",a>b,separator:"")
let c = 592 , d = 279
print("c>d = ",c>d,separator:"")
print("A>a = ","A">"a",separator:"")
print("Hello>World = ","Hello">"World",separator:"")
//大于或等于运算
print("189>=186")
var e = 3.14 , f = 2.98
print("e-1>=d = ",e-1>=f,separator:"")
let g = 872
print("g>=963/2 = ",g>=963/2,separator:"")
//小于运算
print("34.2<35 = ",34.2<35,separator:"")
var h = "罗良夫"
print("h<hello = ",h<"hello",separator:"")
//小于或等于运算
print("83<=83.0000001 = ",83<=83.0000001,separator:"")
let i = "12.9"
print("i<=12.9 = ",i<="12",separator:"")
//等于运算
print("386==512-128 = ",386==512-128,separator:"")
//不等于运算
```

```
var date1 = 20220915 , date2 = 20211231
print("date1!= date2 = ",date1 != date2,separator:"")
```

执行结果：

```
92874 > 32767 = true
a > b = true
c > d = true
A > a = false
Hello > World = false
189 > = 186
e - 1 > = d = false
g > = 963/2 = true
34.2 < 35 = true
h > hello = true
83 < = 83.0000001 = true
i < = 12.9 = false
386 == 512 - 128 = false
date1!= date2 = true
```

2.3.3 逻辑运算符

视频讲解

逻辑运算是用来判断一个或多个条件是否为真的运算。Swift 提供了与、或、非三种逻辑运算，对应的符号分别是 &&、||、!。与运算和或运算是二元运算符，非运算是一元运算符。逻辑运算符的优先级从高到低依次为 !、&&、||。

逻辑运算表达式的语法格式：

操作数1 逻辑运算符 操作数2

逻辑运算符构成逻辑表达式，逻辑运算符的操作数可以是布尔型数据或计算结果为布尔型的表达式，运算结果也是布尔型数据。逻辑运算符的运算规则如表 2.10 所示。

表 2.10 逻辑运算符的运算规则

运算符	条件	结果
与运算(&&)	true && true	true
	true && false	false
	false && true	false
	false && false	false
或运算(||)	true || true	true
	true || false	true
	false || true	true
	false || false	false
非运算(!)	!true	false
	!false	true

例 2.14 逻辑运算符的使用。

程序代码：

```
/**
* 功能:逻辑运算符的使用
* 作者:罗良夫
*/
```

```
//逻辑与运算符
print("true&&false = ",true && false , separator:"")
var a = true , b = true
print("a && b = ",a && b,separator:"")
print("1 > 2 && 3 == 3 = ",1 > 2 && 3 == 3,separator:"")
//逻辑或运算
print("false || true = ",false || true,separator:"")
let c = false , d = true
print("c || d = ",c || d ,separator:"")
var e = 14.5 , f = 92.5
print("e > 28 || f < 100 || true = " , e > 28 || f < 100 || true ,separator:"" )
//非运算
print("!true = ",!true,separator:"")
let h = 23
print("!(h < 20) = ",!(h < 20),separator:"")
print("!(true && false) = ",!(true && false),separator:"")
let i = true , j = true
print("!i && j = ",!i && j)
```

执行结果：

```
true&&false = false
a && b = true
1 > 2 && 3 == 3 = false
false || true = true
c || d = true
e > 28 || f < 100 || true = true
!true = false
!(h < 20) = true
!(true && false) = true
!i && j = false
```

2.3.4 区间运算符

视频讲解

在程序编写的过程中经常遇到对区间值的处理,为了简化区间值的书写,Swift 提供了区间运算符。区间运算符分为两类,一类是闭区间运算符;一类是半开区间运算符,对应的符号分别为"..."和"..<"。区间运算符是二元运算符。

闭区间表达式的语法格式：

操作数 1...操作数 2

半开区间表达式的语法格式：

操作数 1..<操作数 2

闭区间运算符的功能是从左操作数开始(包含左操作数),一直到右操作数(包含右操作数)的取值范围,如 1...5 等价于 1,2,3,4,5 共 5 个数的区间。

半开区间运算符的功能是从左操作数开始(包含左操作数),一直到右操作数(不包含右操作数)的取值范围,如 1..<5 等价于 1,2,3,4 共 4 个数的区间。

例 2.15 区间运算符的使用。

程序代码：

```
/**
 * 功能:区间运算符的使用
```

* 作者：罗良夫
 */
//闭区间运算符
print("闭区间 1...100 = ",1...100,separator:" ")
let a = 1...5
let b = a
print("b = ",b,separator:" ")
for n in 1...5{
    print("第",n,"次。",separator:"")
}
//半开区间运算符
print("半开区间 1..< 89 = ",1..<89,separator:" ")
var c = 0..<100
let d = c
print("d == c = ",d == c,separator:" ")
for n in 0..<5{
    print("第",n,"个数。",separator:"")
}
```

执行结果：

```
闭区间 1...100 =   1...100
b = 1...5
第 1 次。
第 2 次。
第 3 次。
第 4 次。
第 5 次。
半开区间 1..< 89 = 1..< 89
d == c = true
第 0 个数。
第 1 个数。
第 2 个数。
第 3 个数。
第 4 个数。
```

2.3.5 溢出运算符

视频讲解

每种数据类型都有一定的取值范围，如果将超出取值范围的数赋给容器就会报错，比如将 130 赋给 Int8 类型变量时，系统会给出"error：integer literal '130' overflows when stored into 'Int8'"的错误提示信息。为了避免赋值数据超出合法范围而导致错误，Swift 提供了溢出加、溢出减、溢出乘 3 种运算符，它们对应的符号分别是 &＋、&－、&＊。溢出运算符是二元运算符，溢出运算符优先级从高到低依次为 &＊、&＋、&－，&＋与 &－优先级相同。

溢出分为向上溢出和向下溢出两种，如 UInt8 类型的 0 减 1 得到 255，UInt8 类型的 255 加 1 得到 0，具体过程如图 2.1、图 2.2 所示。

1. 溢出加法

```
let   value:UInt8 = 255
print(value &+ 1)
```

程序执行后在屏幕中显示 0，因为 Swift 在溢出时对有效位进行了截断处理，即对超出 UInt8 存储范围的 1 进行舍弃，得到结果 0。
```

2. 溢出减法

```
let value:UInt8 = 0
print(value &- 1)
```

程序执行后在屏幕中显示255,0减1会产生借位操作,使UInt8中的8位都变成1,溢出减法对超出有效位数的数值进行截断,得到结果255。

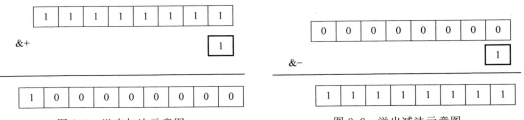

图2.1 溢出加法示意图　　　　图2.2 溢出减法示意图

例2.16 溢出运算符的使用。

程序代码:

```
/**
* 功能:溢出运算符的使用
* 作者:罗良夫
*/
//溢出加法
var a:Int8 = 127
print("a &+ 1 = ",a &+ 1,separator:" ")
var c:Int16 = 30000 , d:Int16 = 25648
print("c &+ d = ",c &+ d,separator:" ")
//溢出减法
var b:Int8 = -128
print("b &- 1 = ",b &- 1,separator:" ")
var e:UInt64 = 0
print("e &- 7483 = ",e &- 7483,separator:" ")
//溢出乘法
var f:UInt8 = 100
print("f &* 39 = ",f &* 39,separator:" ")
```

执行结果:

```
a &+ 1 = -128
c &+ d = -9888
b &- 1 = 127
e &- 7483 = 18446744073709544133
f &* 39 = 60
```

2.3.6 位运算符

视频讲解

数字计算机是以二进制为数据处理单位,程序在数据处理过程中有时需要按位进行计算。Swift提供了按位与、按位或、按位异或、按位取反、左移、右移运算符,对应的符号分别为&、|、^、~、<<、>>。

位运算符构成位运算表达式,位运算表达式的操作数只能是相同整数类型的常量、变量、字面值等。

按位与、按位或、按位异或是二元运算符，左右两边的数据先转换成二进制之后再进行运算。按位取反是一元运算符，将运算数转换成二进制之后，再对每一位取反，具体的运算规则如表2.11所示。

表2.11 Swift 位运算符

运 算 符	表 达 式	结 果
按位与(&)	1 & 1	1
	1 & 0	0
	0 & 1	0
	0 & 0	0
按位或(|)	1 | 1	1
	1 | 0	1
	0 | 1	1
	0 | 0	0
按位异或(^)	1 ^ 1	0
	1 ^ 0	1
	0 ^ 1	1
	0 ^ 0	0
按位取反(~)	~1	0
	~0	1

左移运算、右移运算的运算过程是把运算数的二进制形式向左/右移动指定位数，超出有效范围的二进制位被截断，产生的空位用0进行填充。如1≪2的结果为4。左移运算的效果相当于将运算数乘以2的n次幂，n的值就是移动的位数，右移运算就相当于将运算数除以2的n次幂。

例2.17 位运算符的使用。

程序代码：

```
/**
 * 功能:位运算符的使用
 * 作者:罗良夫
 */
//按位与
print("3 & 5 = ",3 & 5 ,separator:" ")
let a = 5 , b = 9
print("a & b = ",a & b,separator:" ")
//按位或
print("12 | 8 = ",12 | 8 , separator:" ")
var c:Int8 = 12 , d:Int8 = 32
print("c | d = ",c | d,separator:" ")
//按位异或
print("3 ^ 127 = " , 3 ^ 127 , separator:" ")
var e = 65
let f = 4213
print("e ^ f = ",e ^ f ,separator:" ")
//按位取反
print("~128 = ",~128,separator:" ")
let g = 23
print("~g = ",~g,separator:" ")
```

```
//左移
print("1024 << 3 = ",1024 << 3,separator:" ")
var h = 16
print("h << 2 = ",h << 2,separator:" ")
//右移
print("568 >> 1 = ",568 >> 1,separator:" ")
let i =  980
print("i >> 2 = ",i >> 2,separator:" ")
```

执行结果：

```
3 & 5 = 1
a & b = 1
12 | 8 = 12
c | d = 44
3 ^ 127 = 124
e ^ f = 4148
~128 = -129
~g = -24
1024 << 3 = 8192
h << 2 = 64
568 >> 1 = 284
i >> 2 = 245
```

视频讲解

2.3.7 赋值运算符

程序在进行数据处理的过程中经常需要存储数据，程序通过赋值运算符实现数据的存储操作，赋值运算符的符号是"＝"。

赋值运算符是二元运算符。赋值运算符构成赋值表达式，赋值运算符左侧是存储数据的容器，可以是常量、变量等；赋值运算符右侧是被存储的数据，可以是字面值、表达式、常量、变量等。赋值的过程中需要注意赋值运算符右侧的数据和左侧容器的数据类型要匹配。

赋值表达式的语法格式：

数据容器 = 数据

赋值运算符可以与其他类型的运算一起出现，Swift 提供了部分复合形式，以提高书写的效率，具体格式如表 2.12 所示。

表 2.12　复合形式的赋值运算符

运 算 符	表 达 式	功 能
*=	v1 *= v2	v1 = v1 * v2
/=	v1 /= v2	v1 = v1/v2
%=	v1 %= v2	v1 = v1％v2
+=	v1 += v2	v1 = v1+v2
-=	v1 -= v2	v1 = v1-v2
&=	v1 &= v2	v1 = v1&v2
|=	v1 |= v2	v1 = v1 | v2
^=	v1 ^= v2	v1 = v1^v2
<<=	v1 <<= v2	v1 = v1 << v2
>>=	v1 >>= v2	v1 = v1 >> v2

例 2.18 赋值运算符的使用。

程序代码：

```
/**
 *功能:赋值运算符的使用
 *作者:罗良夫
 */
//赋值运算符
var a = 1893
print("a = ",a,separator:" ")
var b:String = "Hello World!"
print("b = ",b,separator:" ")
let c = a - 200
print("c = ",c,separator:" ")
// += 运算符
a += c
print("a += c -> a = ",a,separator:"")
//% = 运算符
var d = 1873
d %= 15
print("d % = 15 -> d = ",d,separator:"")
//&=
var e = 54
e &= 23
print("e &= 23 -> e = ",e,separator:"")
//<<=
var f = 27
f <<= 3
print("f <<= 3 -> f = ",f,separator:"")
```

执行结果：

```
a = 1893
b = Hello World!
c = 1693
a += c -> a = 3586
d % = 15 -> d = 13
e &= 23 -> e = 22
f <<= 3 -> f = 216
```

2.3.8 条件运算符

对于一个量有两种取值的情况，Swift 提供了条件运算符来实现，条件运算符的符号是"？:"。

条件运算符是三元运算符。条件运算符构成条件表达式，语法格式如下：

操作数 1？值 1 : 值 2

操作数 1 必须为布尔型，可以是常量、逻辑表达式、关系表达式等。条件运算符的计算过程是：当操作数 1 为 true 时，把值 1 当作条件表达式的计算结果；当操作数 1 为 false 时，把值 2 当作条件表达式的计算结果。? 与 : 的左右两侧需要添加空格。

视频讲解

例 2.19 条件运算符的使用。

程序代码：

```
/**
* 功能:条件运算符的使用
* 作者:罗良夫
*/
//条件运算符
let gender = true
print(gender ? "男" : "女")
print(3 > 1 ? true : false)
let year = 2022
print(year,year % 4 == 0 && year % 100 != 0 || year % 400 == 0 ? "是闰年." : "不是闰年.",separator:"")
```

执行结果：

男
true
2022 不是闰年。

2.3.9 空合运算符

视频讲解

Swift 是一种安全的编程语言，对于可能包含空值的情况 Swift 提供了空合运算符。空合运算符是对于可选类型的一种安全机制，空合运算符的符号是"??"。

空合运算符是二元运算符。空合运算符构成空合表达式，语法格式如下：

值 1?? 值 2

空合表达式的计算过程是：当值 1 不为空时，返回值 1；当值 1 为空时，返回值 2。值 1 必须是可选类型数据，值 2 的数据类型要与值 1 匹配。值 2 为可选类型数据时，如果返回值 1 会自动解包；如果值 2 不是可选类型，则返回值 1 时仍然是可选类型；?? 两侧需要添加空格；值 2 可以为 nil 类型的值或变量。

例 2.20 空合运算符的使用。

程序代码：

```
/**
* 功能:空合运算符的使用
* 作者:罗良夫
*/
//值 1 不为 nil
let a:Int? = 128
var b:Int32 = 230
print("a ?? b = ",a ?? b,separator:"")
//值 1 为 nil
var c:Float? = Float("ab")
var d = 5.2
print("c ?? d = ", c ?? d , separator:"")
//值 1 不为 nil,值 2 为非可选型
var e:String? = "罗良夫"
var f:String = "hello"
print("e ?? f = ",e ?? f,separator:"")
//值 1 不为 nil,值 2 为可选型
```

```
var g:Bool? = true
var h:Bool? = false
print( "g ?? h = ",g ?? h , separator:"")
//值 1、值 2 都为 nil
var i:Bool?
var j:Bool?
print("i ?? j = ",i ?? j ,separator:"")
```

执行结果：

```
a ?? b = 128
c ?? d = 5.2
e ?? f = 罗良夫
g ?? h = Optional(true)
i ?? j = nil
```

2.3.10 括号运算符

视频讲解

运算符具有固定的优先级,某些情况下需要改变运算符优先级时就需要使用括号运算符。括号运算符的符号是"()",主要用于提升某些运算符的优先级。

例 2.21 括号运算符的使用。

程序代码：

```
/**
* 功能:括号运算符的使用
* 作者:罗良夫
*/
//提升运算符优先级
print("1 + 2 * 3 = ",1 + 2 * 3,separator:" " )
print("(1 + 2) * 3 = ",(1 + 2) * 3,separator:" ")
```

执行结果：

```
1 + 2 * 3 = 7
(1 + 2) * 3 = 9
```

2.3.11 运算符优先级

在 Swift 程序的一个表达式中可能包含多个由不同运算符连接起来的、具有不同数据类型的数据对象;由于表达式有多种运算,不同的运算顺序可能得出不同结果,甚至出现运算错误。Swift 常用运算符优先级如表 2.13 所示(表中运算符的优先级由上至下依次降低)。

表 2.13 Swift 常用运算符优先级

运算符名称	运算符符号
括号运算符	()
位运算符	&、|、^、<<、>>
乘法、除法、取余运算符	*、/、%
加法、减法运算符	+、-
区间运算符	...、..<
空合运算符	??
关系运算符	>、>=、<、<=、==、!=

续表

运算符名称	运算符符号
逻辑与运算符	&&
逻辑或运算符	||
条件运算符	?:
赋值运算符	+=、-=、*=、/=、%=、&=、|=、^=、>>=、<<=

2.4 数据类型转换

程序在进行数据处理的过程中会遇到各种类型的数据,Swift 运算符要求操作数的类型相同,所以在计算之前需要进行数据类型的转换。

视频讲解

2.4.1 整数类型之间转换

Swift 提供了 8 种类型的整数,这 8 种整数类型之间不能直接进行计算,当一个表达式中出现多种整数类型时,需要将多种整数类型转换成同一种整数类型才可以进行计算。

Swift 在进行整数类型之间的转换时,只能将少字节存储空间的类型转换成多字节存储空间的类型。如将 Int8 转换成 Int32 是允许的,反过来就会失败,因为将多字节数据类型转为少字节数据类型时会进行字节截断,造成数据丢失的风险。

整数类型之间转换的语法格式:

整数类型1(值1) 运算符 值2

注:整数类型1和值2的类型必须相同。

例 2.22 整数类型之间转换。

程序代码:

```
/**
*功能:整数类型之间转换
*作者:罗良夫
*/
//Int 类型之间转换
var a:Int8 = 115
var b:Int32 = 503
print("Int32(a) + b = ",Int32(a) + b,separator:" ")
//Int 类型与 UInt 类型之间转换
var c:Int = 9237
var d:UInt16 = 8701
print("c - Int(d) = ",c - Int(d),separator:" ")
```

执行结果:

```
Int32(a) + b = 618
c - Int(d) = 536
```

视频讲解

2.4.2 浮点数类型之间转换

Swift 浮点数类型有两种,即 Float 与 Double,当两种浮点数类型同时出现在一个表达式中时,需要进行类型转换。

具体的转换过程中，Float 类型数据可以转换成 Double 类型，Double 类型数据也可以转换成 Float 类型，两者区别在于精度不同。

Float 类型转换为 Double 类型的语法格式：

Double(Float 类型的常量/变量/表达式)

Double 类型转换为 Float 类型的语法格式：

Float(Double 类型的常量/变量/表达式)

例 2.23 浮点数类型之间的转换。

程序代码：

```
/**
 * 功能:浮点数类型之间的转换
 * 作者:罗良夫
 */
var a:Float = 4.52
var b:Double = 3.98
//Float 类型转换成 Double 类型
print("Double(a) + b = ",Double(a) + b,separator:" ")
//Double 类型转换成 Float 类型
print("a + Float(b) = ",a + Float(b),separator:" ")
```

执行结果：

```
Double(a) + b = 8.499999980926514
a + Float(b) = 8.5
```

2.4.3 整数类型与浮点数类型之间转换

Swift 整数类型的数据可以转换成浮点数类型，浮点数类型的数据也可以转换成整数类型。

视频讲解

整数转换为浮点数类型的语法格式：

Float/Double(整数类型的常量/变量/表达式)

浮点数转换为整数类型的语法格式：

Int8/16/32/64(浮点数类型的常量/变量/表达式)
UInt8/16/32/64(浮点数类型的常量/变量/表达式)

例 2.24 整数类型与浮点数类型之间的转换。

程序代码：

```
/**
 * 功能:整数类型与浮点数类型之间的转换
 * 作者:罗良夫
 */
var a:Int = 7381
var b = 5.93
//整数类型转换成浮点数类型
print("Double(a) + b = ",Double(a) + b,separator:" ")
//浮点数类型转换成整数类型
print("a + Int(b) = ",a + Int(b),separator:" ")
```

执行结果:

```
Double(a) + b = 7386.93
a + Int(b) = 7386
```

2.4.4 整数类型与字符串类型之间转换

Swift 整数类型可以与字符串类型进行转换,只有整数类的字符串才可以转换成整数类型。字符串类型转换成整数类型时,需要在字符串后加上"!"进行解包。整数类型转换成字符串类型后只能进行加法和关系运算。非数字类型的字符串转换成整数后结果为 nil。

整数类型转换为字符串类型的语法格式:

```
String(整数)
```

字符串类型转换为整数类型的语法格式:

```
Int8/16/32/64(字符串)!
```

例 2.25 整数类型与字符串类型之间转换。

程序代码:

```
/**
 *功能:整数类型与字符串类型之间转换
 *作者:罗良夫
 */
//整数类型转换成字符串类型
var a:Int = 692
var b:String = "293"
print("String(a) + b = ",String(a) + b,separator:" ")
print("String(a) > b = ",String(a) > b,separator:" ")
//字符串类型转换成整数类型
var c:Int = 8394
var d:String = "832"
print("c + Int(d) = ",c + Int(d)!,separator:" ")
print(Int("罗良夫") == nil ? "nil" :  "罗良夫")
```

执行结果:

```
String(a) + b = 692293
String(a) > b = true
c + Int(d) = 9226
nil
```

2.4.5 浮点数类型与字符串类型之间转换

Swift 浮点数类型与字符串类型之间可以进行转换,转换规则与整数类型和字符串类型之间的转换规则类似,具体语法如下。

浮点数类型转换为字符串类型的语法格式:

```
String(Float/Double 类型的常量/变量/表达式)
```

字符串类型转换为浮点数类型的语法格式:

```
Float/Double(字符串)!
```

例 2.26 浮点数类型与字符串类型之间的转换。

程序代码：

```
/**
 * 功能:浮点数类型与字符串类型之间的转换
 * 作者:罗良夫
 */
//浮点数类型转换成字符串类型
var height:Float = 1.78
let s_h = String(height)
print("罗良夫的身高为" + s_h + "米。")
//字符串类型转换为浮点数类型
let weight = readLine()          //输入数据为158.2
let w_kg = Double(weight!)! / 2.0
print("罗良夫的体重为\(w_kg)公斤。")
```

执行结果：

罗良夫的身高为1.78米。
罗良夫的体重为79.1公斤。

2.5 小结

  Swift是一种高级编程语言，提供了整数、浮点数、字符、字符串、布尔、元组、可选等多种数据类型，还提供了数据类型别名、类型推断等多种机制，为 Swift 的数据处理提供了强大的支持。

  为了较好地处理各种数据，Swift 提供了多种类型的运算符，除了常见的算术运算符、关系运算符、逻辑运算符、赋值运算符，还提供了区间运算符、溢出运算符、空合运算符等 Swift 特有的运算符，为 Swift 程序的数据处理提供了丰富的操作方法。

习题

一、单选题

1. Swift 中无符号 64 位整数类型对应的关键字是(　　)。
 A. Int8　　　　　　B. UInt64　　　　　　C. Int64　　　　　　D. UInt32
2. Swift 中常量通过(　　)关键字进行定义。
 A. let　　　　　　 B. var　　　　　　　 C. num　　　　　　 D. const
3. Swift 溢出乘运算符的符号是(　　)。
 A. &*　　　　　　 B. **　　　　　　　　C. /*　　　　　　　 D. @
4. Swift 空合运算符的符号是(　　)。
 A. ||　　　　　　　B. ??　　　　　　　　C. $$　　　　　　　 D. !
5. 下列语句能将 3.14 转换成整数的是(　　)。
 A. (int)3.14　　　　B. 3.14(int)　　　　　C. Int(3.14)　　　　 D. 3.14(Int)

二、填空题

1. Swift 整数分为_____与_____两大类。

2. 区间运算符 1...10 表示的范围是_____。

3. Swift 变量通过关键字_____进行定义。

4. 可选型对应的关键字是_____,使用时需要使用_____来获取值。

5. Swift 常量的值不需要在编译时指定,但至少需要被赋值_____次。

实训　常量、变量与数据类型

1. 常量与变量

```
// 常量的定义
let num = 8
let len = 18
//变量的定义
var count = 2000000
var members = 10000
```

2. 整数类型和浮点类型

```
let minOfInt8 = Int8.min
let maxOfInt8 = Int8.max
let maxOfInt16 = Int16.max
let maxOfInt32 = Int32.max
```

3. 定义可选类型

```
var teacher: String?
teacher = "Best Teacher"
var award: String = "default value"
award = reward!
```

第 3 章

程序流程控制结构

程序是通过计算机解决问题和实现功能的重要途径。现实问题往往复杂多变,程序是对现实世界的模拟,为了能够有效地模拟现实世界,需要借助流程控制语句来修改语句执行顺序。Swift 提供了顺序结构、选择结构、循环结构三种流程控制结构。

3.1 顺序结构

视频讲解

Swift 顺序结构是最简单的程序结构,也是最常用的程序结构,对应的流程控制是按照书写顺序进行执行。Swift 程序是从上至下进行编写,所以 Swift 顺序结构的程序控制流方向就是从上至下。

Swift 程序由若干条语句组成。在 Swift 程序中每条语句之后不需要添加分号表示结束,将多条语句写到同一行中时,需要使用分号";"进行分隔。Swift 顺序结构流程图如图 3.1 所示。

图 3.1 Swift 顺序结构流程图

例 3.1 A * B 问题。从控制台输入两个整数,分别用变量 A 和 B 进行保存,在屏幕中输出 A * B 的结果。

程序代码:

```
/**
* 功能:A * B 问题
* 作者:罗良夫
*/
//A * B
var input1:String? = readLine()
var input2:String? = readLine()
var num1 = Int(input1!)
var num2 = Int(input2!)
print("\(num1!) * \(num2!) = \(num1! * num2!)")
```

执行结果:

3 * 4 = 12

例 3.2 反向输出一个三位数。将一个三位数反向输出,例如输入 358,则输出 853。
程序代码:

```
/**
* 功能:反向输出三位数
```

```
 * 作者:罗良夫
 */
var num:Int
let s = readLine()
num = Int(s!)!
var h = num / 100
var t = num/10 % 10
var u = num % 10
print("\(num)反向输出结果为:\(u),\(t),\(h)")
```

执行结果:

123 反向输出结果为:3,2,1

3.2 选择结构

现实生活中经常会出现一个事物有多种可能的情况,在程序中通过选择结构来表达这种现象。Swift 提供了 if 和 switch 两种结构来实现选择操作。

3.2.1 if 结构

if 结构的功能是根据条件选择执行语句,if 结构的语义类似于汉语中的"如果……那么……"。

if 结构的语法格式如下:

```
if 条件表达式{
    语句块
}
```

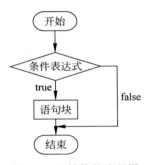

图 3.2 if 结构的流程图

注:if 关键字后的小括号可以省略;条件表达式的结果为布尔型,即只能是 true 或 false,不能和整数之间进行转换;条件表达式后的大括号不能省略。

if 结构的流程图如图 3.2 所示。

例 3.3 判断年龄是否已达到成年。从键盘输入年龄,如果大于或等于 18 周岁则输出已成年。

程序代码:

```
/**
 * 功能:判断年龄是否已达到成年年龄
 * 作者:罗良夫
 */
var age:Int?
let s = readLine()
age = Int(s!)
if age! >= 18 {
    print("已成年!")
}
```

执行结果:

已成年!

if 可以与 let 组合进行可选项绑定,防止可选型数据为 nil 导致程序退出,增强代码的健壮性。

可选项绑定的语法格式：

```
if let 常量名 = 可选项{
    使用可选项
}else{
    对可选项为 nil 进行处理
}
```

注：可选项绑定时不需要使用"!"进行拆包。

例 3.4 可选项绑定示例。

程序代码：

```
/**
 * 功能:可选项绑定
 * 作者:罗良夫
 */
var name:String?  = "罗良夫"
if let tmp = name{
    print("欢迎",name,"登录系统!",separator:"")
}else{
    print("name 为空!")
}
```

执行结果：

欢迎罗良夫登录系统!

3.2.2 if-else 结构

视频讲解

if-else 结构的功能是计算 if 后面的条件表达式,结果为 true 时执行 if 部分的语句块,结果为 false 时执行 else 部分的语句块,适合运用于"是/否""真/假"等只有两种结果的情况。

if-else 结构的语法格式：

```
if 条件表达式{
    语句块 1
}else{
    语句块 2
}
```

注：if-else 在执行过程中,语句块 1 和语句块 2 只有一个会被执行。

if-else 结构的流程图如图 3.3 所示。

例 3.5 比较两个数的大小。从键盘输入两个数,比较大小后,输出其中的较大者。

程序代码：

```
/**
 * 功能:比较两数大小
 * 作者:罗良夫
 */
var n1:Int? , n2:Int?
let s1 = readLine()                    //输入 128
```

```
let s2 = readLine()                    //输入 1024
n1 = Int(s1!)
n2 = Int(s2!)
if n1! >= n2!{
    print(n1!)
}else{
    print(n2!)
}
```

执行结果：

1024

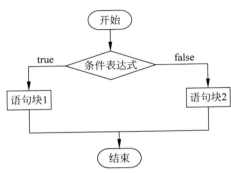

图 3.3　if-else 结构流程图

例 3.6　判断闰年。从键盘输入年份，如果年份能被 4 整数但不能被 100 整除，或者年份能被 400 整除时，输出年份是闰年。

程序代码：

```
/**
* 功能:判断闰年
* 作者:罗良夫
*/
var year:Int?
let s = readLine()                     //输入 2022
year = Int(s!)
if year! % 4 == 0 && year! % 100 != 0 || year! % 400 == 0{
    print("\(year!)是闰年!")
}else{
    print("\(year!)不是闰年!")
}
```

执行结果：

2022 不是闰年!

3.2.3　if-else if-else 结构

if-else 只能表示有两种可能的情况，对于有多种可能性的情况需要使用 if-else if-else 来表示，if-else if-else 的功能是从多种情况中选择一种情况执行。

if-else if-else 结构语法格式：

```
if 条件表达式 1{
    语句块 1
}else if 条件表达式 2{
    语句块 2
}else if 条件表达式 3{
    语句块 3
}else{
    语句块 4
}
```

注：else if 部分可以包含多个；条件表达式允许包含多个；在任意一次执行过程中，只有一个语句块会被执行。

if-else if-else 结构的流程图如图 3.4 所示。

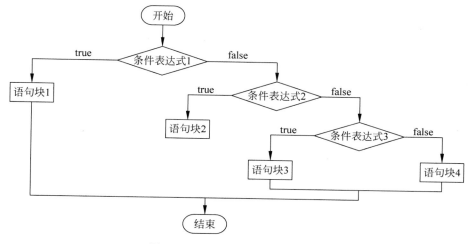

图 3.4　if-else if-else 结构流程图

例 3.7　输入分段函数的值。从键盘输入 x 的值，如果 x≤0，y＝x＋15；如果 x＞0 且 x≤1，y＝1－x；如果 x＞1，y＝x－21。

程序代码：

```
/**
* 功能:分段函数
* 作者:罗良夫
*/
var x:Double?
var y:Double
let s = readLine()                  //输入 126
x = Double(s!)
if x! <= 0{
    y = x! + 15
}else if x! > 0 && x! <= 1{
    y = 1 - x!
}else{
    y = x! - 21
}
print("当 x = \(x!)时,y = \(y)。")
```

执行结果：

当 x = 126.0 时, y = 105.0

3.2.4 switch 结构

视频讲解

switch 结构的功能是从多个选项中选择一种情况执行。switch 可以包含多个条件判断,与 if 结构的区别是,if 是实现二选一的情况,switch 是实现多选一的情况。

switch 结构语法格式:

```
switch 表达式 1{
    case 值 1:语句块 1
    case 值 2:语句块 2
      ⋮
    default:语句块 n
}
```

switch 结构的执行过程是先计算表达式 1,然后将结果与 case 后的值进行比对,如果值相等则执行对应 case 后的语句块,执行完 case 语句块后退出 switch 结构;switch 后的表达式结果可以为整数类型、浮点数类型、布尔类型、字符类型、字符串类型、元组类型;case 后的值需要与表达式结果的数据类型一致;default 语句块不能省略;case 中可以添加多个值,多个值之间用逗号分隔;switch 结构可以在 case 中添加 fallthrough 关键字,直接执行下一个 case 后的语句块。

switch 结构流程图如图 3.5 所示。

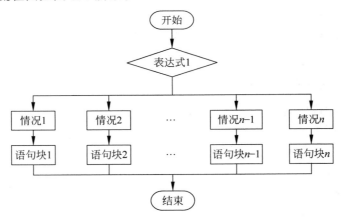

图 3.5 switch 结构流程图

例 3.8 成绩段输出。从键盘输入成绩,输出成绩对应的等级。

程序代码:

```
/**
 * 功能:成绩分段输出
 * 作者:罗良夫
 */
var score:Double?
let s = readLine()                    //输入 90
score = Double(s!)
switch score!{
```

```
        case 0..<60:
            print("成绩等级:D")
        case 60..<70:
            print("成绩等级:C")
        case 70..<90:
            print("成绩等级:B")
        case 90...100:
            print("成绩等级:A!")
        default:
            print("成绩错误!")
    }
```

执行结果:

成绩等级:A!

例 3.9 中奖程序。从键盘输入一个 1~10 的数,当数值为 1 到 4 时提示没有中奖,数值为 5、6 或 7 时提示中了三等奖,数值为 8 或 9 时提示中了二等奖,数值为 10 时提示中了一等奖。

程序代码:

```
/**
 *功能:中奖程序
 *作者:罗良夫
 */
var num:Int?
let s = readLine()//输入10
num = Int(s!)
switch num{
    case 1,2,3,4:
        print("很遗憾,没有中奖!")
    case 5,6,7:
        print("恭喜,中了三等奖!")
    case 8,9:
        print("恭喜,中了二等奖!")
    case 10:
        print("恭喜,中了一等奖!")
    default:
        print("数值异常!")
}
```

执行结果:

恭喜,中了一等奖!

例 3.10 游戏奖励程序。从键盘输入中奖等级以及是否会员,输出奖励信息。
程序代码:

```
/**
 *功能:游戏奖励
 *作者:罗良夫
 */
var grade:Int?
var isMem:Bool?
```

```
        let gs = readLine()
        let gm = readLine()
    grade = Int(gs!)
    isMem = Bool(gm!)
    switch grade!{
        case 1:
            print("恭喜中了一等奖。【礼品:计算机一台】")
            if isMem! == true{
                fallthrough
            }
        case 11:
            print("【会员赠送手机一台】")
        case 2:
            print("恭喜中了二等奖.【礼品:电饭煲一台】")
            if isMem! == true{
                fallthrough
            }
        case 21:
            print("【会员赠送水壶一个】")
        case 3:
            print("恭喜中了三等奖.【礼品:U盘一个】")
            if isMem! == true{
                fallthrough
            }
        case 31:
            print("【会员赠送手机支架一个】")
        default:
            print("数据错误!")
    }
```

执行结果:

恭喜中了一等奖。【礼品:计算机一台】
【会员赠送手机一台】

例3.11 电话号码识别程序。从键盘输入座机的区号与尾号,根据区号输出对应地区名。

程序代码:

```
/**
 *功能:识别电话号码
 *作者:罗良夫
 */
var phoneNumber:(Int,Int)?
let s1 = readLine()
let s2 = readLine()
var areaCode = Int(s1!)
var number = Int(s2!)
phoneNumber = (areaCode!,number!)
switch phoneNumber!{
    case (010,let tel):
        print("来自北京的电话:\(tel)")
    case (022,let tel):
        print("来自天津的电话:\(tel)")
    case (021,let tel):
```

```
            print("来自上海的电话:\(tel)")
        case (023,let tel):
            print("来自重庆的电话:\(tel)")
        default:
            print("未知电话:\(phoneNumber)")
}
```

执行结果：

来自北京的电话:68392513

3.3 循环结构

3.3.1 for-in 结构

for-in 结构的功能是进行指定次数的重复操作，适用于遍历一个集合中所有元素的场景，如对区间求和、处理数组中元素、处理字符串中的字符等操作。

for-in 结构的语法格式：

```
for 循环变量 in 集合{
        语句块
}
```

for 关键字之后不能添加小括号；循环变量前不需要使用 let 或 var 关键字，作用域仅限于循环语句内；关键字 in 后面可以是闭区间、半开区间、数组、字典等集合。

for-in 结构流程图如图 3.6 所示。

例 3.12 输出九九乘法表。

程序代码：

```
/ * *
 * 功能:九九乘法表
 * 作者:罗良夫
 */
print("\t\t\t************** 九九乘法表 **************")
for i in 1...9{
    for j in 1...i{
        if(j != i){
         print("\(i) * \(j) = \(i*j) ",terminator:",")
        }else{
            print("\(i) * \(j) = \(i*j)")
        }
    }
}
```

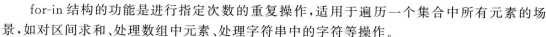

图 3.6　for-in 结构流程图

执行结果：

```
             ************** 九九乘法表 **************
1 * 1 = 1
2 * 1 = 2,2 * 2 = 4
3 * 1 = 3,3 * 2 = 6,3 * 3 = 9
4 * 1 = 4,4 * 2 = 8,4 * 3 = 12,4 * 4 = 16
```

```
5 * 1 = 5,5 * 2 = 10,5 * 3 = 15,5 * 4 = 20,5 * 5 = 25
6 * 1 = 6,6 * 2 = 12,6 * 3 = 18,6 * 4 = 24,6 * 5 = 30,6 * 6 = 36
7 * 1 = 7,7 * 2 = 14,7 * 3 = 21,7 * 4 = 28,7 * 5 = 35,7 * 6 = 42,7 * 7 = 49
8 * 1 = 8,8 * 2 = 16,8 * 3 = 24,8 * 4 = 32,8 * 5 = 40,8 * 6 = 48,8 * 7 = 56,8 * 8 = 64
9 * 1 = 9,9 * 2 = 18,9 * 3 = 27,9 * 4 = 36,9 * 5 = 45,9 * 6 = 54,9 * 7 = 63,9 * 8 = 72,9 * 9 = 81
```

例 3.13 查找并输出数组中的最大和最小值。从键盘输入 10 个年龄,输出最大年龄和最小年龄。

程序代码:

```
/**
 * 功能:查找并输出数组中的最大和最小值
 * 作者:罗良夫
 */
var max:Int = 0 , min:Int = 100 , age:Int?
var ageArr:Array < Int > = []
var s:String?
//输入 12、35、6、37、8、92、74、65、43、80
for i in 0..< 10{
    s = readLine()
    age = Int(s!)
    ageArr += [age!]
    if i == 0{
      max = age!
      min = age!
    }
    if age! > max{
        max = age!
    }
    if age! < min{
        min = age!
    }
}
print("\(ageArr)中的最大年龄是:\(max)岁,最小年龄是:\(min)岁。")
```

执行结果:

[12, 35, 6, 37, 8, 92, 74, 65, 43, 80]中的最大年龄是:92 岁,最小年龄是:6 岁。

例 3.14 英文加密。从键盘输入明文字符串,对明文加密后进行输出。

程序代码:

```
/**
 * 功能:英文加密
 * 作者:罗良夫
 */
var tc:UInt8 = 0
var ciphertext:String = ""
var plaintext:String?
plaintext = readLine()
for c in plaintext!{
    if c == "z"{
        ciphertext += "a"
    }else if c == "Z"{
```

```
            ciphertext += "A"
        }else{
            tc = c.asciiValue!                    //返回字符 c 对应的 ASCII 码
            //将 ASCII 码转换成字符串
            ciphertext += String(Character(UnicodeScalar(tc + 1)))
        }
}
print("明文:\(plaintext!),密文:\(ciphertext)")
```

执行结果:

明文:Hello world!,密文:Ifmmp!xpsme"

3.3.2　while 结构

while 结构的功能是根据条件表达式的值来决定是否进行重复操作。while 结构的循环次数在执行前不确定,适用于条件值不确定的场景。

while 结构的语法格式:

```
while 条件表达式{
    语句块
}
```

注:while 之后的条件表达式可以添加小括号,也可以省略小括号;条件表达式结果为布尔型;为了避免陷入死循环,需要在语句块中添加使条件表达式为 false 的操作。

while 结构流程图如图 3.7 所示。

例 3.15　查找 1000 以内能被 5 和 7 整除的前 10 个整数。

程序代码:

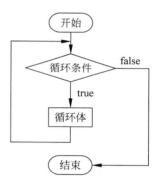

图 3.7　while 结构流程图

```
/**
 * 功能:查找 1000 以内能被 5 和 7 整除的整数
 * 作者:罗良夫
 */
var i:Int = 1 , count:Int = 0
print("1000 以内能被 5 和 7 整数的前 10 个数:",terminator:"")
while(count < 10){
    if i % 5 == 0 && i % 7 == 0{
        if(count < 9){
            print(i,terminator:",")
        }else{
            print(i,terminator:".")
        }
        count += 1
    }
    i += 1
}
```

执行结果:

1000 以内能被 5 和 7 整数的前 10 个数:35,70,105,140,175,210,245,280,315,350.

3.3.3 repeat-while 结构

repeat-while 结构的功能是根据条件表达式的值决定是否进行重复,与 while 结构之间的区别是执行次数,repeat-while 至少执行一次循环,while 可能一次循环都不执行。

repeat-while 结构语法格式:

```
repeat{
    语句块
}while 条件表达式
```

循环体的语句块中需要添加终止循环的语句,关键字 while 后面可以省略小括号。

repeat-while 结构流程图如图 3.8 所示。

例 3.16 查找 1000 以内的水仙花数。

程序代码:

```
/**
* 功能:查找 1000 以内的水仙花数
* 作者:罗良夫
*/
var h:Int , t:Int , u:Int , number:Int = 100
print("水仙花数:",terminator:"")
repeat{
    h = number/100
    t = number/10 % 10
    u = number % 10
    if h*h*h+t*t*t+u*u*u == number{
        print(number,terminator:" ")
    }
    number += 1
}while(number < 1000)
```

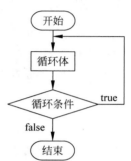

图 3.8 repeat-while 结构流程图

执行结果:

水仙花数:153 370 371 407

3.4 控制转移语句

3.4.1 break 语句

在循环语句的执行过程中有时候需要提前终止循环,Swift 中可通过 break 语句提前结束 for-in、while、repeat-while 循环的执行。当 break 位于嵌套循环中的内层循环时,break 执行后终止所在的内层循环,外层循环仍然会继续执行。

例 3.17 计算 1000 以内能被 3 和 7 整除的数。

程序代码:

```
/**
* 功能:计算 1000 以内能被 3 和 7 整除的数
* 作者:罗良夫
*/
var num = 1 , count = 0
```

```
while num < 1000 {
    if num % 3 == 0  && num % 7 == 0{
        count += 1
        print(count,num,separator:":")
    }
    if count == 5{
        break
    }
    num += 1
}
```

执行结果：

1:21
2:42
3:63
4:84
5:105

3.4.2　continue 语句

视频讲解

对于循环过程中需要终止本次循环操作的情况，Swift 提供了 continue 语句来实现。在 for-in 结构中执行 continue 后，从 continue 到循环体结束之间的语句会被跳过，进入下一次迭代；在 while 或 repeat-while 结构中执行 continue 后，同样会跳过 continue 之后的循环体语句，直接进入下一次循环条件的判断。

例 3.18　打印奇数。从键盘输入一个整数，显示从 1 到该整数范围内的奇数。

程序代码：

```
/**
* 功能:打印奇数
* 作者:罗良夫
*/
var num:Int?
let s = readLine()
num = Int(s!)
print("1 到\(num!)范围的奇数:",terminator:"")
for i in 1...num!{
    if i % 2 == 0{
        continue
    }
    if i == num! || i == num! - 1{
        print(i,terminator:".")
    }else{
        print(i,terminator:",")
    }
}
```

执行结果：

1 到 50 范围的奇数:
1,3,5,7,9,11,13,15,17,19,21,23,25,27,29,31,33,35,37,39,41,43,45,47,49.

3.4.3 forloop 语句

break 语句在默认情况下只能跳出当前循环,对于多层循环的跳转需要配合使用 forloop 标签实现。forloop 标签的功能是从内层循环跳转到标签处的外层循环。Swift 中的 forloop 标签名可以是符合标识符命名规则的名称。

例 3.19 forloop 功能示例。计算 1 到 10 范围内奇数和偶数的和。

程序代码:

```
/**
 *功能:forloop 功能示例
 *作者:罗良夫
 */
  var sum1 = 0, sum2 = 0, t = 0
  for i in 1...10{
    t = i
    forloop:for n in 1...i{
        if i % 2 != 0{
            for j in 1...t{
                sum1 += j
                print(j , terminator:" ")
                if j == t{
                    print()
                    break forloop
                }
            }
        }else{
            for k in 1...t{
                sum2 += k
                print(k , terminator:" ")
                if k == t{
                    print()
                    break forloop
                }
            }
        }
    }
}
print("奇数部分的总和 = \(sum1)")
print("偶数部分的总和 = \(sum2)")
```

执行结果:

```
1
1 2
1 2 3
1 2 3 4
1 2 3 4 5
1 2 3 4 5 6
1 2 3 4 5 6 7
1 2 3 4 5 6 7 8
1 2 3 4 5 6 7 8 9
1 2 3 4 5 6 7 8 9 10
奇数部分的总和 = 95
偶数部分的总和 = 125
```

3.5 小结

程序是现实世界的模拟,为了表达现实世界中的复杂情况,有时需要改变程序的执行流程,Swift 提供了顺序结构、选择结构和循环结构来控制程序的执行流程。

顺序结构的执行流程是按程序的书写顺序执行,适用于执行过程比较固定的情况。

选择结构中 if、if-else、if-else if-else 的执行流程是根据条件运算结果确定执行顺序,Switch 结构是根据表达式运算结果与 case 值的匹配情况决定执行顺序。

循环结构中 for-in 结构根据集合范围重复执行操作,while、repeat-while 结构根据循环条件决定是否重复执行操作,循环过程中可以通过 break、continue、forloop 来改变程序的执行顺序。

习题

一、单选题

1. Swift 程序中顺序结构的执行顺序是(　　)。
   A. 从左到右　　　B. 从上到下　　　C. 从下到上　　　D. 从右到左
2. 下列选项中语法正确的是(　　)。
   A. var name="罗良夫"
      print(name)
   B. if(age<18)
      print age<18
   C. for(i=0;i<100;i++)
      sum+=i
   D. switch a
      case 1:print(one)
      case 2:print(two)

二、编程题

1. 编写程序在控制台输出 1,2,3,…,20。
2. 编写程序输出 1 到 100 之间的所有奇数之和。

实训　选择结构与循环结构

1. 选择结构

```
var season = "autumn"
if season == "spring" {
print("春季")
} else if season == "summer" {
print("夏季")
} else if season == "autumn" {
print("秋季")
} else {
print("冬季")
}
```

2. 循环结构

```
i = 0
res = 0
repeat {
res += i
i += 1
} while i <= 1000
print("Sum of 1 + ... + 1000 = \(res)")
```

第 4 章

集合类型与字符串

4.1 Swift 数组

4.1.1 Swift 数组概述

数组是在计算机内存储的一组相同数据类型的有序数据集合,在 Swift 中用关键字 Array 表示。Swift 数组的特点如下:
- 数组中所有元素必须是相同数据类型;
- 数组元素是有序的,每个元素都有对应的下标,下标从 0 开始计数;
- 数组中允许出现重复值,即多个下标对应的数据相同;
- 定义常量型数组后,数组的大小和元素数值不能改变。

4.1.2 Swift 数组的创建

视频讲解

1. 用中括号方式创建数组

通过 Swift 提供的数组构造方法可以创建一个空数组。

用中括号创建数组的语法格式 1:

var/let 数组名 = [数据类型](arrayLiteral:值 1,……)

用中括号创建数组的语法格式 2:

var/let 数组名:[数据类型] = [值 1……]

注:用 var 创建可变类型的数组,用 let 创建不可变类型的数组。

用中括号创建数组的语法格式 3:

var/let 数组名 = [数组类型](repeating:初始值,count:数组元素个数)

注:初始值可以为整数、浮点数、布尔、字符、字符串类型,数组元素个数为大于 0 的正整数。

2. 用 Array 关键字创建数组

用 Array 关键字定义数组的语法格式 1:

var/let 数组名 = Array<数据类型>(arrayLiteral:值 1,……)

用 Array 关键字定义数组的语法格式 2:

```
var/let 数组名:Array<数据类型> = [ ]
```

3. 用字面值创建数组

Swift 具有类型推断机制,可以将数组类型的字面值赋给常量/变量来创建数组。

用字面值创建数组的语法格式:

```
var/let 数组名 = [值1,……,值n]
```

4. 用"+"运算符创建数组

"+"运算符可以对数组进行运算,功能是连接两个数组的值形成一个新数组。

用"+"运算符创建数组的语法格式:

```
数组3 = 数组1+数组2
```

例4.1 Swift 数组的创建。

程序代码:

```
/**
 *功能:Swift 数组的创建
 *作者:罗良夫
 */
//用中括号创建数组
var studentArray = [String](arrayLiteral:"张三","李四","王五")
print("studentArray:\(studentArray)")
var fruitsArray = [String](repeating:"水果",count:3)
print("fruitsArray:\(fruitsArray)")
var teacherArray:[String] = ["罗良夫","教师1","教师2"]
print("teacherArray:\(teacherArray)")
//用 Array 关键字创建数组
var studentArray1 = Array<String>(arrayLiteral:"孙六","李七","周八")
print("studentArray1:\(studentArray1)")
var teacherArray1:Array<String> = ["孔子","孟子","庄子"]
print("teacherArray1:\(teacherArray1)")
//用字面值创建数组
let Direction = ["东","西","南","北","中"]
print("Direction:\(Direction)")
//用"+"运算符创建数组
var namesArray = studentArray + studentArray1
print("namesArray:\(namesArray)")
```

执行结果:

```
studentArray:["张三","李四","王五"]
fruitsArray:["水果","水果","水果"]
teacherArray:["罗良夫","教师1","教师2"]
studentArray1:["孙六","李七","周八"]
teacherArray1:["孔子","孟子","庄子"]
Direction:["东","西","南","北","中"]
namesArray:["张三","李四","王五","孙六","李七","周八"]
```

4.1.3 Swift 数组的常用操作

1. 访问数组

Swift 支持通过数组名与下标对数组元素进行访问,数组名表示数组中的所有元素,下标表示访问其中某个元素。

数组名访问数组的语法格式：

var 变量名/常量名 = 数组名

注：变量的类型必须与数组的元素类型相同。

下标访问数组的语法格式：

var 变量名/常量名 = 数组名[下标]

注：下标为大于0的正整数，最大值为数组元素个数减1，下标可以使用区间运算符获取多个数组元素。

2．获取指定位置的数组元素

Swift 提供了属性 first、last 来分别获取数组中第一个和最后一个元素。

获取数组中第一个元素的语法格式：

数组名.first

注：first 是可选类型，使用时需要通过"!"解包。

获取数组中最后一个元素的语法格式：

数组名.last

注：last 是可选类型，使用时需要通过"!"解包。

3．添加数组元素

Swift 可以通过+=运算符、append 方法、insert 方法向数组中添加元素。

+=运算符添加数组元素的语法格式：

数组名 += [数组元素1,……]

注：+=运算符的功能是合并两个数组，即便只添加一个元素值，+=后也应该写成数组字面值的形式。

append 方法添加单个元素的语法格式：

数组名.append(数组元素)

append 方法添加数组的语法格式：

数组名.append(contentsOf:数组)

注：contentsOf 参数可以是数组名或数组字面值。

insert 方法插入单个元素的语法格式：

数组名.insert(数组元素,at:数组元素下标)

insert 方法插入数组的语法格式：

数组名.insert(contentsOf:数组,at:数组元素下标)

注：contentsOf 参数可以是数组名或数组字面值。

4．删除数组元素

Swift 提供了删除指定下标的元素、删除第一个/最后一个元素的方法，语法格式如下。

删除数组中指定下标元素的语法格式：

数组名.remove(at:下标)

删除数组中前 1/n 个元素的语法格式：

数组名.removeFirst(元素个数)

注：removeFirst 默认删除一个元素，可以在参数部分指定要删除的元素个数。

删除数组中最后 1/n 个元素的语法格式：

数组名.removeLast(元素个数)

删除指定区间内数组元素的语法格式：

数组名.removeSubrange(元素区间)

删除数组中所有元素的语法格式：

数组名.removeAll()

5. 获取数组元素个数

获取数组元素个数的语法格式：

数组名.count

6. 判断数组是否为空

判断数组是否为空的语法格式：

数组名.isEmpty

7. 判断数组中是否包含某个元素

判断数组中是否包含某个元素的语法格式：

数组名.contains(元素)

注：contains 方法的参数类型要与数组元素类型一致。

8. 替换某个范围中的元素

替换某个范围中元素的语法格式：

数组名.replaceSubrange(区间,with:数组元素)

注：with 部分的数据类型要与数组元素的类型一致，with 部分的数组元素长度可以与区间的长度不同。

9. 数组的遍历

Swift 数组可以通过数组名、数组枚举、下标来遍历数组，语法格式如下。

通过数组名遍历数组的语法格式：

```
for 变量 in 数组名{
    操作
}
```

通过数组枚举遍历数组的语法格式：

```
for 变量 in 数组名.enumerated(){
    操作
}
```

通过下标遍历数组的语法格式：

```
for 变量 in 数组名.indices{
    操作
}
```

10. 数组排序

Swift 提供了 sorted 方法进行升序或降序的数组排序,语法格式如下。

数组按升序进行排序的语法格式:

数组名.sorted(by:<)

注:sorted 方法会生成新数组,并不会改变原数组元素的存储顺序。

数组按降序进行排序的语法格式:

数组名.sorted(by:>)

11. 获取数组的最大值、最小值

获取数组最大值的语法格式:

数组名.max()

注:max 方法返回一个可选类型的值,使用时需要用"!"解包。

获取数组最小值的语法格式:

数组名.min()

注:min 方法返回一个可选类型的值,使用时需要用"!"解包。

例 4.2 数组的常用操作。

程序代码:

```
/**
 * 功能:数组的常用操作
 * 作者:罗良夫
 */
//数组的创建
var carBrand:Array<String> = ["雪佛兰","别克","福特","林肯","大众","奔驰","宝马","保时捷","吉利","丰田"]
//访问数组
print("汽车品牌大全:\(carBrand)")
print("carBrand[0]:\(carBrand[0])")
//获取指定位置的数组元素
print("carBrand 中第一个元素:\(carBrand.first!)")
print("carBrand 中最后一个元素:\(carBrand.last!)")
//添加数组元素
carBrand += ["奥迪","标致","雪铁龙","雷诺","法拉利","兰博基尼","玛莎拉蒂"]
print(" += 添加多个元素:\(carBrand)")
carBrand.append("阿斯顿马丁")
print("append 追加一个元素:\(carBrand)")
carBrand.append(contentsOf:["捷豹","特威尔","迈凯轮","路虎"])
print("append 追加多个元素:\(carBrand)")
carBrand.insert("莲花",at:0)
print("insert 添加一个元素:\(carBrand)")
carBrand.insert(contentsOf:["大宇","起亚","现代"],at:0)
print("insert 添加多个元素:\(carBrand)")
//删除数组元素
carBrand.remove(at:0)
print("remove 删除一个元素:\(carBrand)")
carBrand.removeFirst(2)
print("removeFirst 删除前两个元素:\(carBrand)")
carBrand.removeLast(2)
```

```swift
print("removeLast 删除最后两个元素:\(carBrand)")
carBrand.removeSubrange(0...5)
print("removeSubrange 删除区间 0...5 的元素:\(carBrand)")
// carBrand.removeAll()
// print("removeAll 删除所有元素:\(carBrand)")
//获取数组元素个数
print("count 属性获取数组元素个数:\(carBrand.count)")
//判断数组是否为空
print("isEmpty 判断数组是否为空:\(carBrand.isEmpty)")
//判断数组中是否包含某个元素
print("contains 判断数组是否包含某个元素:\(carBrand.contains("阿斯顿马丁"))")
//替换某个范围中的元素
carBrand.replaceSubrange(0...2,with:["斯巴鲁","雷克萨斯","英菲尼迪"])
print("replaceSubrange 替换数组中某个区间的元素:\(carBrand)")
//数组的遍历
print("通过数组名遍历",terminator:":")
for element in carBrand{
    print(element,terminator:" ")
}
print()
print("通过数组枚举遍历",terminator:":")
for (index,value) in carBrand.enumerated(){
    print("\(index):\(value)",terminator:" ")
}
print()
print("通过数组下标遍历",terminator:":")
for index in carBrand.indices{
    print(carBrand[index],terminator:" ")
}
print()
//数组排序
let brand1 = carBrand.sorted(by:<)
print("数组按升序排序:\(brand1)")
let brand2 = carBrand.sorted(by:>)
print("数组按降序排序:\(brand2)")
//获取数组的最大值、最小值
let maxValue = carBrand.max
print("数组的最大值:\(carBrand.max()!)")
print("数组的最小值:\(carBrand.min()!)")
```

执行结果：

汽车品牌大全:["雪佛兰","别克","福特","林肯","大众","奔驰","宝马","保时捷","吉利","丰田"]
carBrand[0]:雪佛兰
carBrand 中第一个元素:雪佛兰
carBrand 中最后一个元素:丰田
 += 添加多个元素:["雪佛兰","别克","福特","林肯","大众","奔驰","宝马","保时捷","吉利","丰田","奥迪","标致","雪铁龙","雷诺","法拉利","兰博基尼","玛莎拉蒂"]
append 追加一个元素:["雪佛兰","别克","福特","林肯","大众","奔驰","宝马","保时捷","吉利","丰田","奥迪","标致","雪铁龙","雷诺","法拉利","兰博基尼","玛莎拉蒂","阿斯顿马丁"]
append 追加多个元素:["雪佛兰","别克","福特","林肯","大众","奔驰","宝马","保时捷","吉利","丰田","奥迪","标致","雪铁龙","雷诺","法拉利","兰博基尼","玛莎拉蒂","阿斯顿马丁","捷豹","特威尔","迈凯轮","路虎"]

insert 添加一个元素:["莲花","雪佛兰","别克","福特","林肯","大众","奔驰","宝马","保时捷","吉利","丰田","奥迪","标致","雪铁龙","雷诺","法拉利","兰博基尼","玛莎拉蒂","阿斯顿马丁","捷豹","特威尔","迈凯轮","路虎"]
insert 添加多个元素:["大宇","起亚","现代","莲花","雪佛兰","别克","福特","林肯","大众","奔驰","宝马","保时捷","吉利","丰田","奥迪","标致","雪铁龙","雷诺","法拉利","兰博基尼","玛莎拉蒂","阿斯顿马丁","捷豹","特威尔","迈凯轮","路虎"]
remove 删除一个元素:["起亚","现代","莲花","雪佛兰","别克","福特","林肯","大众","奔驰","宝马","保时捷","吉利","丰田","奥迪","标致","雪铁龙","雷诺","法拉利","兰博基尼","玛莎拉蒂","阿斯顿马丁","捷豹","特威尔","迈凯轮","路虎"]
removeFirst 删除前两个元素:["莲花","雪佛兰","别克","福特","林肯","大众","奔驰","宝马","保时捷","吉利","丰田","奥迪","标致","雪铁龙","雷诺","法拉利","兰博基尼","玛莎拉蒂","阿斯顿马丁","捷豹","特威尔","迈凯轮","路虎"]
removeLast 删除最后两个元素:["莲花","雪佛兰","别克","福特","林肯","大众","奔驰","宝马","保时捷","吉利","丰田","奥迪","标致","雪铁龙","雷诺","法拉利","兰博基尼","玛莎拉蒂","阿斯顿马丁","捷豹","特威尔"]
removeSubrange 删除区间 0...5 的元素:["奔驰","宝马","保时捷","吉利","丰田","奥迪","标致","雪铁龙","雷诺","法拉利","兰博基尼","玛莎拉蒂","阿斯顿马丁","捷豹","特威尔"]
count 属性获取数组元素个数:15
isEmpty 判断数组是否为空:false
contains 判断数组是否包含某个元素:true
replaceSubrange 替换数组中某个区间的元素:["斯巴鲁","雷克萨斯","英菲尼迪","吉利","丰田","奥迪","标致","雪铁龙","雷诺","法拉利","兰博基尼","玛莎拉蒂","阿斯顿马丁","捷豹","特威尔"]
通过数组名遍历:斯巴鲁 雷克萨斯 英菲尼迪 吉利 丰田 奥迪 标致 雪铁龙 雷诺 法拉利 兰博基尼 玛莎拉蒂 阿斯顿马丁 捷豹 特威尔
通过数组枚举遍历:0:斯巴鲁 1:雷克萨斯 2:英菲尼迪 3:吉利 4:丰田 5:奥迪 6:标致 7:雪铁龙 8:雷诺 9:法拉利 10:兰博基尼 11:玛莎拉蒂 12:阿斯顿马丁 13:捷豹 14:特威尔
通过数组下标遍历:斯巴鲁 雷克萨斯 英菲尼迪 吉利 丰田 奥迪 标致 雪铁龙 雷诺 法拉利 兰博基尼 玛莎拉蒂 阿斯顿马丁 捷豹 特威尔
数组按升序排序:["特威尔","丰田","兰博基尼","吉利","奥迪","捷豹","斯巴鲁","标致","法拉利","玛莎拉蒂","英菲尼迪","阿斯顿马丁","雪铁龙","雷克萨斯","雷诺"]
数组按降序排序:["雷诺","雷克萨斯","雪铁龙","阿斯顿马丁","英菲尼迪","玛莎拉蒂","法拉利","标致","斯巴鲁","捷豹","奥迪","吉利","兰博基尼","丰田","特威尔"]
数组的最大值:雷诺
数组的最小值:特威尔

4.2 Swift Set

4.2.1 Swift Set 概述

Swift 中 Set 用于存储相同类型、无序且不重复的数据。当数据元素顺序不重要,或需要每个元素只出现一次时,可以使用 Set 而不是数组。

对 Set 中对象的访问和操作是通过对象引用进行的,因此在 Set 中不能存放重复对象。Set 中的值是散列的,它提供了 hashValue 属性,Set 使用 hashValue 来访问其元素。Swift 的所有基本类型(如 String、Int、Double 和 Bool)都是可散列的类型。

4.2.2 Swift Set 的创建

1. 通过构造方法进行创建

Swift 中 Set 可以通过其包含的构造方法(又称为构造器)进行创建。

视频讲解

通过构造方法创建 Set 的语法格式：

Set<数据类型>(arrayLiteral:数据 1,……)

2. 通过 Set 类型进行创建

Set 也是一种数据类型，可以用于变量或常量的创建。

创建 Set 类型的语法格式：

var/let 变量名/常量名:Set<数据类型> = [数据 1,……]

注：对 Set 变量/常量初始化后，可以省略关键字 Set 后的数据类型定义。

3. 将数组转换为 Set

Swift 支持将数组转换成 Set，语法格式如下：

Set(数组名)

注：数组中多余的数据会被丢弃。

例 4.3 Set 的创建。

程序代码：

```
/**
 * 功能:Set 的创建
 * 作者:罗良夫
 */
//通过构造方法创建 Set
var fruits = Set<String>(arrayLiteral:"apple","banana","orange","peach")
print("水果:\(fruits)")
//通过 Set 类型创建
var vegetables:Set<String> = ["cabbage","potato","cauliflower"]
print("蔬菜:\(vegetables)")
//数组转换为 Set
var carArray = ["policeCar","sportsCar","fireTruck"]
print("汽车:\(Set(carArray))")
```

执行结果：

```
水果:["apple", "banana", "peach", "orange"]
蔬菜:["cauliflower", "cabbage", "potato"]
汽车:["policeCar", "sportsCar", "fireTruck"]
```

4.2.3 Swift Set 的常用操作

视频讲解

1. 添加数据元素

Set 通过 insert 方法添加元素，语法格式如下：

Set 常量/变量.insert(数据)

注：insert 方法每次只能添加一个元素。

2. 删除数据元素

Set 通过 remove 和 removeAll 方法删除数据元素。

删除单个数据的语法格式：

Set 常量/变量.remove(数据)

注：remove 方法返回被删除的数据元素，如果该 Set 不包含被删除的值，则返回 nil。

删除第一个数据的语法格式：

Set 常量/变量.removeFirst()

删除所有数据的语法格式：

Set 常量/变量.removeAll()

3．获取元素个数

获取元素个数的语法格式：

Set 常量/变量.count

4．判断 Set 是否为空

判断 Set 是否为空的语法格式：

Set 常量/变量.isEmpty

注：isEmpty 返回 Bool 类型的数据。

5．检测 Set 是否包含指定值

检测 Set 是否包含指定值的语法格式：

Set 常量/变量.contains(数据)

注：contains 方法返回 Bool 类型的数据。

6．获取 Set 元素

Swift 提供了属性及方法来获取数据元素。

获取 Set 中第一个元素的语法格式：

Set 常量/变量[Set 常量/变量.startIndex]

注：startIndex 代表 Set 中第一个元素的索引，Swift 中索引是一种独特的数据类型，这里不能用整数 0 代替；因为 Set 中元素是无序存储，所以每次运行得到的元素值可能不同。

获取 Set 中某个索引后一个数据元素的语法格式：

Set 常量/变量[Set 常量/变量.index(after:Set 索引)]

获取 Set 中某个索引后第 n 个元素的语法格式：

Set 常量/变量[Set 常量/变量.index(Set 索引,offsetBy:n)]

注：Set 中偏移量 offsetBy 只能向前偏移，即 offsetBy 的值必须大于 0。

7．获取 Set 中最大值、最小值

获取 Set 中最大值的语法格式：

Set 常量/变量.max()

注：max() 与 min() 返回可选类型的数据。

获取 Set 中最小值的语法格式：

Set 常量/变量.min()

8．Set 数据反转

Set 数据反转的语法格式：

```
Set 常量/变量.reversed()
```

9. Set 数据排序

Swift 提供了 sorted 方法对 Set 中数据进行排序,语法格式如下:

```
Set 常量/变量.sorted(by:<|>)
```

注:sorted 方法中"by:<"表示采用升序排列,"by:>"表示采用降序排列,默认采用升序排列;sorted 方法不会改变原有 Set 中值的顺序。

10. 遍历 Set

通过 for-in 遍历 Set 的语法格式:

```
for 变量 in Set 常量/变量{
    操作
}
```

通过 enumerated()方法遍历 Set 的语法格式:

```
for 变量 in Set 常量/变量.enumerated(){
    操作
}
```

通过下标遍历 Set 的语法格式:

```
for 变量 in Set 常量/变量.indices{
    操作
}
```

通过 forEach 遍历 Set 的语法格式:

```
Set 常量/变量.forEach{变量 in
    操作
}
```

11. Set 集合操作

(1) Set 交集

Set 交集的功能是获取两个 Set 中相同部分的数据。

Set 交集的语法格式:

```
Set 常量 1/变量 1.intersection(Set 常量 2/变量 2)
```

注:intersection 方法不会改变原有 Set 中的值。

(2) Set 差集

Set 差集是指从 Set1 中去掉 Set2 中包含的数据。

Set 差集的语法格式:

```
Set 常量 1/变量 1.subtracting(Set 常量 2/变量 2)
```

(3) Set 并集

Set 并集是指将两个 Set 中的数据合并。

Set 并集的语法格式:

```
Set 常量 1/变量 1.union(Set 常量 2/变量 2)
```

12. Set 的判断

（1）Set 相等判断的语法格式

Set 常量 1/变量 1 == Set 常量 2/变量 2

（2）判断是否为子集的语法格式

Set 常量 1/变量 1.isSubset(of:Set 常量 2/变量 2)

注：判断类方法返回值为 Bool 类型。

（3）判断是否为超集的语法格式

Set 常量 1/变量 1. isSuperset (of:Set 常量 2/变量 2)

（4）判断是否不含相同数据的语法格式

Set 常量 1/变量 1. isDisjoint (with:Set 常量 2/变量 2)

注：两个 Set 中不含相同数据时返回 true。

例 4.4　Set 常用操作。

程序代码：

```
/**
* 功能:Set 常用操作
* 作者:罗良夫
*/
//创建 Set
var fruits:Set<String> = Set<String>(arrayLiteral:"apple","watermelon","litchi","persimmon")
//Set 添加数据
fruits.insert("tangerine")
print("insert 添加数据:\(fruits)")
//Set 删除数据
fruits.remove("apple")
print("remove 删除数据:\(fruits)")
//Set 删除所有数据
// fruits.removeAll()
// print("removeAll 删除所有数据:\(fruits)")
//Set 删除第一个数据
fruits.removeFirst()
print("removeFirst 删除第一个数据:\(fruits)")
//获取元素个数
print("fruits.count = \(fruits.count)")
//判断 Set 是否为空
print("fruits.isEmpty = \(fruits.isEmpty)")
//判断 Set 是否包含指定值
print("fruits.contains(\"apple\") = \(fruits.contains("apple"))")
//获取 Set 中第一个数据
print("startIndex:\(fruits[fruits.startIndex])")
//获取 Set 中第二个数据
print("index(after):\(fruits[fruits.index(after:fruits.startIndex)])")
//获取 Set 中某个索引后第 n 个元素
print("index(offsetBy):\(fruits[fruits.index(fruits.startIndex,offsetBy:2)])")
//Set 中最大值
print("max():\(fruits.max()!)")
//Set 中最小值
print("min():\(fruits.min()!)")
```

```swift
//Set 数据反转
print("reversed():\(fruits.reversed())")
//Set 数据排序
print("sorted():\(fruits.sorted(by:>))")
//通过 for-in 遍历 Set
for fruit in fruits{
    print(fruit,terminator:" ")
}
print()
//通过 enumerated()遍历 Set
for (index , value) in fruits.enumerated(){
    print("\(index):\(value)")
}
//通过下标遍历 Set
for index in fruits.indices{
    print(fruits[index],terminator:" ")
}
print(" ")
//通过 forEach 遍历 Set
fruits.forEach{fruit in
    print(fruit,terminator:" ")
}
//Set 交集
var vegetables = Set<String>(arrayLiteral:"cabbage","cucumber","Cauliflower")
print("intersection:\(fruits.intersection(vegetables))")
//Set 差集
print("subtracting:\(fruits.subtracting(vegetables))")
//Set 并集
print("union:\(fruits.union(vegetables))")
//判断 Set 相等
print(fruits == vegetables)
//判断子集
print("isSubset:\(fruits.isSubset(of:vegetables))")
//判断超集
print("isSuperset :\(fruits.isSuperset(of:vegetables))")
//判断是否不含相同数据
print("isDisjoint   :\(fruits.isDisjoint(with:vegetables))")
```

执行结果：

```
insert 添加数据:["persimmon", "tangerine", "apple", "watermelon", "litchi"]
remove 删除数据:["persimmon", "tangerine", "watermelon", "litchi"]
removeFirst 删除第一个数据:["tangerine", "watermelon", "litchi"]
fruits.count = 3
fruits.isEmpty = false
fruits.contains("apple") = false
startIndex:tangerine
index(after):watermelon
index(offsetBy):litchi
max():watermelon
min():litchi
reversed():["litchi", "watermelon", "tangerine"]
sorted():["watermelon", "tangerine", "litchi"]
tangerine watermelon litchi
0:tangerine
```

```
1:watermelon
2:litchi
tangerine watermelon litchi
tangerine watermelon litchi intersection:[]
subtracting:["tangerine", "watermelon", "litchi"]
union:["cucumber", "tangerine", "cabbage", "watermelon", "Cauliflower", "litchi"]
false
isSubset:false
isSuperset :false
isDisjoint   :true
```

4.3 Swift 字典

4.3.1 Swift 字典概述

Swift 中字典用于存储无序且类型相同的多个数据,关键字是 Dictionary。当需要通过标识符访问数据时,使用字典存取数据比较合适,类似于现实生活中通过字典查字义的过程。

字典中每个元素由两部分组成,即键(Key)和值(Value)。字典中每个值都关联唯一的键。Swift 字典中键的集合不能有重复值,值的集合允许出现重复值。Swift 字典会强制检查字典元素的类型,如果数据类型不同就会报错。Swift 字典不仅要求所有值的数据类型必须相同,而且要求所有键的数据类型也要相同。

4.3.2 Swift 字典的创建

视频讲解

1. 空字典的创建

(1) 通过 Dictionary 关键字创建空字典的语法格式

```
Dictionary<键类型,值类型>()
```

(2) 通过中括号创建空字典的语法格式

```
[键类型:值类型]()
```

2. 有值字典的创建

(1) 通过 Dictionary 创建有值字典的语法格式

```
let/var 常量/变量名:Dictionary<键类型,值类型> = [键1:值1,……]
```

(2) 通过中括号创建有值字典的语法格式

```
let/var 常量/变量名:[键类型:值类型] = [键1:值1,……]
```

(3) 通过字面值创建有值字典的语法格式

```
let/var 常量/变量名 = [键1:值1,……]
```

3. 通过数组创建字典

Swift 通过 Dictionary 构造方法可以将两个数组合并成一个字典,语法格式如下:

```
Dictionary(uniqueKeysWithValues:zip(数组1,数组2))
```

注:zip()方法的功能是将数组1与数组2中的值一一合并成新的数组。

例 4.5 Swift 字典的创建。

程序代码：

```
/**
* 功能:Swift字典的创建
* 作者:罗良夫
*/
//通过 Dictionary 关键字创建空字典
let country1 = Dictionary<String,String>()
print("country1:\(country1)")
//通过中括号创建空字典
let country2 = [String:String]()
print("country2:\(country2)")
//通过 Dictionary 创建有值字典
var country3:Dictionary<String,String> = ["中国":"北京","意大利":"罗马"]
print(country3)
//通过中括号创建有值字典
var country4:[String:String] = ["法国":"巴黎","英国":"伦敦"]
print(country4)
//通过字面值创建有值字典
var country5 = ["德国":"柏林 ","荷兰":"阿姆斯特丹"]
print(country5)
//通过数组创建字典
let customKeys = ["Facebook", "Google", "Amazon"]
let customValues = ["Mark", "Larry", "Jeff"]
let newDictionary = Dictionary(uniqueKeysWithValues:zip(customKeys,customValues))
print(newDictionary)
```

执行结果：

```
country1:[:]
country2:[:]
["中国": "北京", "意大利": "罗马"]
["英国": "伦敦", "法国": "巴黎"]
["德国": "柏林 ", "荷兰": "阿姆斯特丹"]
["Google": "Larry", "Amazon": "Jeff", "Facebook": "Mark"]
```

视频讲解

4.3.3 Swift 字典的常用操作

1. 添加/修改数据

Swift 字典可以通过下标和 updateValue 方法添加/修改数据。

（1）通过下标添加数据的语法格式

字典名[键] = 值

注：当"键"不存在时,新建对应的键值对。

（2）通过 updateValue 方法添加数据的语法格式

字典名.updateValue(值,forKey:键)

2. 删除数据

Swift 字典可以通过下标与 removeValue 方法删除数据元素。

(1) 通过下标删除数据的语法格式

字典名[键] = nil

(2) 通过 removeValue 方法删除数据的语法格式

字典名.removeValue(forKey:键)

注：removeValue 方法返回被删除的值，当值不存在时返回 nil。

3. 获取键值对的数量

Swift 字典通过 count 属性获取键值对的数量。

使用 count 属性的语法格式：

字典.count

4. 检查字典是否为空

Swift 字典通过 isEmpty 属性检查是否为空。

使用 isEmpty 属性的语法结构：

字典.isEmpty

5. 获取字典中第一个数据

Swift 字典通过 first 属性返回第一个数据。

使用 first 属性的语法格式：

字典.first

6. 获取字典中所有的键

Swift 字典通过 keys 关键字获取所有的键。

获取所有键的语法格式：

字典.keys

7. 获取字典中所有的值

Swift 字典通过 values 关键字获取所有的值。

获取字典中所有值的语法格式：

字典.values

8. 对字典的键/值进行排序

Swift 字典通过 sorted 方法对键或值进行排序。

字典的键/值排序的语法格式：

字典.keys/values.sorted(by:< | >)

注：by 关键字中"<"表示按升序排列数据，">"表示按降序排列数据，默认按升序排列。

9. 遍历字典

Swift 可以对字典的键值对、键和值分别进行遍历。

(1) 遍历字典的键值对

```
for (key,value) in 字典{
    操作
}
```

（2）遍历字典的键

```
for key in 字典.keys{
    操作
}
```

（3）遍历字典的值

```
for value in 字典.values{
    操作
}
```

例 4.6 Swift 字典的常用操作。

程序代码：

```
/**
 * 功能:Swift 字典操作
 * 作者:罗良夫
 */
var country:Dictionary<String,String> = ["中国":"北京","意大利":"罗马"]
//在字典中添加数据
country["爱尔兰"] = "都柏林"
print("country:\(country)")
country.updateValue("瓦杜兹",forKey:"列支敦士登")
print("country:\(country)")
//删除数据
// country["列支敦士登"] = nil
// print("country:\(country)")
// country.removeValue(forKey:"列支敦士登")
// print("country:\(country)")
//获取键值对的数量
print("country.count = \(country.count)")
//检查字典是否为空
print("country.isEmpty = \(country.isEmpty)")
//获取字典中第一个数据
print("country.first = \(country.first)")
//获取字典中所有的键
print("country.keys = \(country.keys)")
//获取字典中所有的值
print("country.values = \(country.values)")
//字典键按升序排列
print("country.keys.sorted(by:<):\(country.keys.sorted(by:<))")
//字典值按降序排列
print("country.values.sorted(by:>):\(country.values.sorted(by:>))")
//遍历字典元素
for (key,value) in country{
    print("\(key):\(value)")
}
//遍历字典的键
print("键:",terminator:"")
for key in country.keys{
    print(key,terminator:" ")
}
print()
//遍历字典的值
```

```
    print("值:",terminator:"")
for value in country.values{
    print(value,terminator:" ")
}
```

执行结果：

```
country:["中国":"北京","意大利":"罗马","爱尔兰":"都柏林"]
country:["列支敦士登":"瓦杜兹","意大利":"罗马","爱尔兰":"都柏林","中国":"北京"]
country.count = 4
country.isEmpty = false
country.first = Optional((key: "列支敦士登", value: "瓦杜兹"))
country.keys = ["列支敦士登","意大利","爱尔兰","中国"]
country.values = ["瓦杜兹","罗马","都柏林","北京"]
country.keys.sorted(by:<):["中国","列支敦士登","意大利","爱尔兰"]
country.values.sorted(by:>):["都柏林","罗马","瓦杜兹","北京"]
列支敦士登:瓦杜兹
意大利:罗马
爱尔兰:都柏林
中国:北京
键:列支敦士登 意大利 爱尔兰 中国
值:瓦杜兹 罗马 都柏林  北京
```

4.4 Swift 字符串

4.4.1 Swift 字符串概述

Swift 中字符串是用一对双引号括起来的有序字符序列，Swift 字符串类型与字符类型采用相同的定界符，区别在于字符串类型中包含零到多个字符，字符类型包含一个字符。

Swift 中字符串是值类型，字符串值在传递给方法或者函数时会将值复制过去。Swift 编译器优化了字符串使用的资源，在需要的时候才进行复制。

4.4.2 Swift 字符串的创建

视频讲解

Swift 字符串可以通过赋值运算符"="和构造方法进行创建。

（1）赋值运算符创建字符串的语法格式

`var/let 字符串常量/变量 = "字符串字面值"`

（2）构造方法创建字符串的语法格式 1

`String(值)`

注：值可以是字符串类型、字符类型、整数类型、浮点数类型、布尔类型。

（3）构造方法创建字符串的语法格式 2

`String(describing:值)`

注：值可以是元组类型、数组类型。

（4）构造方法创建字符串的语法格式 3

`String(format:"格式字符串",arguments:[值 1,……])`

注：格式字符串以"%"开头，定义如表 4.1 所示。值可以为字符串类型、整数类型、浮点数类型等。

表 4.1 Swift 格式字符串

格式字符串	含　　义
%@	输出字符串类型的数据
%d	输出整数类型的数据
%nd	n 为大于 1 的整数，表示输出内容所占的位数
%f	输出浮点数类型的数据
%.nf	输出包含 n 位小数的浮点数

例 4.7 Swift 字符串的创建。

程序代码：

```
/**
 * 功能:Swift 字符串的创建
 * 作者:罗良夫
 */
import UIKit
//通过字面值的方式创建字符串
let name:String = "罗良夫"
print("我的名字叫:\(name)")
//通过 String 构造方法创建字符串
var age:String = String(37)
print("我今年\(age)岁.")
var height:String = String(1.78)
print("我的身高是\(height)米.")
var isMarried:String = String(true)
print("我\(isMarried == "true" ? "已婚" : "未婚").")
//通过 format 格式化字符串
var like:String = String(format:"我的爱好是%@","骑行")
print(like)
var workYear:String = String(format:"%2d",13)
print("我已经工作了\(workYear)年.")
var distanceTime:String = String(format:"%.2f",1.2)
print("上班路上需要花费\(distanceTime)小时.")
```

执行结果：

我的名字叫:罗良夫
我今年 37 岁.
我的身高是 1.78 米.
我已婚.
我的爱好是骑行
我已经工作了 13 年.
上班路上需要花费 1.20 小时.

4.4.3 Swift 字符串的常用操作

1. 字符串插值

Swift 字符串允许在字符串中通过反斜线加圆括号"\()"的方式添加值。
字符串插值的语法格式：

视频讲解

字符串内容\(值)

注：值可以是基本数据类型或复杂数据类型的常量、变量、字面值。

2. 字符串连接

Swift 字符串通过"＋"或"＋＝"运算符进行连接。

字符串连接的语法格式：

let/var 字符串常量/变量 = 字符串1＋字符串2

3. 获取字符串中字符个数

Swift 通过 count 属性获取字符串中字符的个数。

获取字符串中字符个数的语法格式：

字符串.count

注：count 的值是整数类型的字符数。

4. 比较两个字符串是否相等

Swift 中通过"＝＝"比较两个字符串的内容是否相同。

判断两个字符串是否相等的语法格式：

字符串1 == 字符串2

注："＝＝"的结果为布尔型数据。

5. 返回字符串的 utf8 与 utf16 值

Swift 字符串提供了 utf8 与 utf16 属性来获取对应的编码值。

（1）返回字符串 utf8 值的语法格式

字符串.utf8

（2）返回字符串 utf16 值的语法格式

字符串.utf16

6. 判断字符串是否为空

Swift 字符串通过 isEmpty 属性判断是否为空。

判断字符串是否为空的语法格式：

字符串.isEmpty

注：isEmpty 的值是布尔型数据。

7. 多行字符串

Swift 用三个双引号"""运算符来保存多行文本。

多行字符串语法格式：

"""
字符串1
字符串2
……
"""

注：多行字符串中的换行符会被保存；"""前后不能添加字符内容。

8. 字符串字母大小写转换

Swift 提供了 uppercased 和 lowercased 方法转换字母的大小写形式。

(1) 字符串字母转换成大写的语法格式

字符串.uppercased()

(2) 字符串字母转换成小写的语法格式

字符串.lowercased()

9. 检查是否以指定字符串开头/结尾

(1) 检查是否以指定字符串开头的语法格式

字符串.hasPrefix(字符串)

(2) 检查是否以指定字符串结尾的语法格式

字符串.hasSuffix(字符串)

10. 获取字符串起始/结束索引

获取字符串起始/结束索引的语法格式：

字符串.startIndex/endIndex

注：字符串索引 StringIndex 不是 Int 类型；startIndex 是非空字符串中第一个字符的索引；endIndex 是非空字符串中最后一个字符的后一个位置；当字符串为空时，startIndex = endIndex。

11. 获取字符串中指定位置的索引

(1) 获取指定索引前一个位置索引的语法格式

字符串.index(before:字符串索引)

(2) 获取指定索引后一个位置索引的语法格式

字符串.index(after:字符串索引)

(3) 按偏移量获取指定位置索引的语法格式

字符串.index(起始索引,offsetBy:偏移量)

注：偏移量为整数。

12. 获取某个索引对应的字符

获取某个索引对应字符的语法格式：

字符串[字符串索引]

例 4.8 Swift 字符串的常用操作。

程序代码：

```
/**
 *功能:Swift 字符串的常用操作
 *作者:罗良夫
 */
//字符串插值
var numInt = 120
print("numInt = \(numInt)")
var numDouble = 59.2
print("numDouble = \(numDouble)")
var numBool = true
```

```swift
    print("numBool = \(numBool)")
struct Student{
    var name:String = ""
    var age:Int = 18
}
var strObj = Student(name:"罗良夫",age:37)
print("strObj:\(strObj)")
//字符串连接
let lastName:String = "罗"
let firstName:String = "良夫"
var myName = lastName + firstName
print("我的姓名是:\(myName)")
//获取字符串中的字符个数
print("我的姓名共有\(myName.count)个字符。")
//比较字符串是否相等
var str1 = "hello"
var str2 = "helloworld"
if(str1 == str2){
    print("\(str1) = \(str2)")
}else{
    print("\(str1)!= \(str2)")
}
//返回字符串的utf8和utf16编码
for code in myName.utf8{
    print(code,terminator:" ")
}
print()
for code in myName.utf16{
    print(code,terminator:" ")
}
print()
//判断字符串是否为空
var str3:String = ""
if str3.isEmpty{
    print("str3 为空")
}
//多行字符串
var tangPoetry = """
        静夜思(李白)
床前明月光,疑是地上霜。
举头望明月,低头思故乡。
"""
print(tangPoetry)
//字符串字母大小写转换
var str4 = "iOS App"
print("\(str4)转换为大写字母:\(str4.uppercased())")
print("\(str4)转换为小写字母:\(str4.lowercased())")
//检查字符串是否以指定字符串开头
var str5 = "iOS综合应用开发"
print("hasPrefix:\(str5.hasPrefix("iOS"))")
//检查字符串是否以指定字符串结尾
print("hasSuffix:\(str5.hasSuffix("应用开发"))")
//获取第一个字符
print("startIndex:\(myName[myName.startIndex])")
```

```
//获取最后一个字符
print("endIndex:\(myName[myName.index(before:myName.endIndex)])")
//获取指定位置字符
print("index:\(myName[myName.index(myName.startIndex,offsetBy:1)])")
```

执行结果：

```
numInt = 120
numDouble = 59.2
numBool = true
strObj:Student(name: "罗良夫", age: 37)
我的姓名是:罗良夫
我的姓名共有 3 个字符。
hello!= helloworld
231 189 151 232 137 175 229 164 171
32599 33391 22827
str3 为空
        静夜思(李白)
床前明月光,疑是地上霜。
举头望明月,低头思故乡。
iOS App 转换为大写字母:IOS APP
iOS App 转换为小写字母:ios app
hasPrefix:true
hasSuffix:true
startIndex:罗
endIndex:夫
index:良
```

4.5 小结

Swift 提供了数组、Set、字典三种集合类型,用于对多个数据进行存储的场景。Swift 数组要求存储的数据是有序、相同类型的,数组中允许出现重复值;Set 中的数据是无序、相同类型、不重复的数据;字典中的元素都是以键值对格式存储,键不能重复,值可以重复。

Swift 字符串是值类型,字符串包含零到多个字符。Swift 字符串允许在内容中添加常量、变量等值。通过三个双引号可以包含多行字符串。

习题

一、单选题

1. Swift 中数组使用关键字(　　)表示。
   A. sum　　　　　　B. Array　　　　　　C. num　　　　　　D. list
2. Swift 字典对应的关键字是(　　)。
   A. Dictionary　　　B. kv　　　　　　　C. set　　　　　　　D. type
3. Swift 中字符串插值操作通过(　　)运算符实现。
   A. &&　　　　　　B. \( )　　　　　　C. %%　　　　　　D. !#
4. Swift 数组不能通过(　　)方式添加元素。
   A. +=　　　　　　 B. append　　　　　C. insert　　　　　D. add

二、填空题

1. Swift 中 Set 用于存储_____类型、无序且_____的数据。
2. Swift 中字典通过_____方法添加数据。
3. Swift 通过_____属性获取字符串中的字符个数。

三、简答题

1. Swift 中数组的定义是什么？数组的特点是什么？
2. Swift 中 String 是什么类型？有哪些创建方法？

实训　数组、Set 与字典

1. 数组

```
//数组的初始化 1
var fruitArray = [String]()
if fruitArray.isEmpty {
    print("fruitArrayis empty! ")
}
animalArray.append("apple ")
animalArray.append("banana ")
```

2. Set

```
var weather = Set<String>()
weather = ["rainy ", "sunny ", "stormy "]
//判断集合是否为空
if weather.isEmpty {
    print("The set of weather is empty! ")
} else {
    print("There are \(weather.count) kinds weather! ")
}
```

3. 字典

```
var dict1 = Dictionary<Int, Character>()
var dict2 = [Int: Int]()
var dict1 = [97: "a", 98: "b", 99: "c", 100: "d", 101: "e", 102: "f"]
var dict2 = [1:100, 2:150, 3:200, 4:250, 5:300]
```

第 5 章

Swift函数、闭包与内存管理

5.1 Swift 函数

5.1.1 Swift 函数概述

Swift 函数是具有固定格式,用来解决某个问题或实现一定功能的代码块,在 Swift 中用关键字 func 表示。

通过函数能够实现代码的复用。Swift 函数可通过元组类型返回多个数据。Swift 函数可以通过 inout 关键字使参数变为引用传递。Swift 函数支持可变参数。

5.1.2 Swift 函数的定义

Swift 函数通过 func 关键字进行定义,具体定义格式如下。

(1) 定义无参数无返回值函数的语法格式

```
func 函数名(){
    语句块
}
```

注:Swift 函数不用 void 表示无返回值。

(2) 定义无参数有返回值函数的语法格式

```
func 函数名()->返回值类型{
    语句块
    return 值
}
```

注:Swift 函数通过"—>数据类型"定义返回值的类型;return 后数据的类型要与返回值类型一致。

(3) 定义有参数无返回值函数的语法格式

```
func 函数名(参数名 1:数据类型,……){
    语句块
}
```

(4) 定义有参数有返回值函数的语法格式

```
func 函数名(参数名 1:数据类型,……)->返回值类型{
    语句块
}
```

5.1.3　Swift 函数的调用

Swift 函数通过"."运算符进行调用,有返回值的函数需要使用常量或变量接受返回值。

（1）无返回值函数调用的语法格式

函数名([参数标签:参数值,……])

（2）有返回值函数调用的语法格式

常量/变量 = 函数名([参数标签:参数值,……])

视频讲解

例 5.1　Swift 函数的定义。

程序代码：

```
/**
* 功能:Swift 函数的定义
* 作者:罗良夫
*/
import Foundation
//无参数无返回值的函数
func showName(){
    print("你好,罗良夫。")
}
showName()
//无参数有返回值的函数
func showDate() -> String{
    let dateFormatter = DateFormatter()
    dateFormatter.dateFormat = "yyyy 年 mm 月 dd 日 HH 时 mm 分 ss 秒"
    return dateFormatter.string(from:Date())
}
var now = showDate()
print(now)
//有参数无返回值的函数
func helloSomeone(name:String){
    print("\(name)你好,欢迎登录系统!")
}
helloSomeone(name:"罗良夫")
//有参数有返回值的函数
func add(num1:Int,num2:Int) -> Int{
    return num1 + num2
}
print("124 + 591 = \(add(num1:124,num2:591))")
```

执行结果：

```
你好,罗良夫。
2022 年 07 月 29 日 13 时 07 分 01 秒
罗良夫你好,欢迎登录系统!
124 + 591 = 715
```

5.1.4　可变参数

视频讲解

函数编写的过程中有时会遇到参数个数不确定的情况,Swift 提供了可变参数来解决这个问题。

可变参数的语法格式：

```
func 函数名(参数名:数据类型…)->返回值类型{
    语句块
    return 语句
}
```

注：参数可以有零到多个；当有多个参数时，可变参数必须为最后一个参数；可变参数中所有参数的数据类型必须相同。

例 5.2 Swift 可变参数的使用。

程序代码：

```
/**
 * 功能:Swift 可变参数的使用
 * 作者:罗良夫
 */
//可变参数的使用
func generalIncome(salary:Double...) -> Double{
    var income:Double = 0.0
    for tmp in salary{
        income += tmp
    }
    return income
}
print("总收入为:\(generalIncome())元.")
print("总收入为:\(generalIncome(salary:1000.05,2846.5,3864.0))元.")
//多参数时可变参数的使用
func showLike(name:String,like:String...){
    print("\(name)的爱好有:",terminator:"")
    var index = 1
    for tmp in like{
        if index == like.count{
            print("\(tmp).")
        }else{
            print(tmp,terminator:"")
        }
        index += 1
    }
}
showLike(name:"罗良夫",like:"骑行","羽毛球")
```

执行结果：

```
总收入为:0.0 元.
总收入为:7710.55 元.
罗良夫的爱好有:骑行羽毛球.
```

视频讲解

5.1.5 参数默认值

Swift 可以给函数参数添加默认值,在函数调用过程中未给参数赋值时,自动以默认值填充。

参数默认值的语法格式：

```
func 函数名( 参数标签 参数名:数据类型 = 默认值)
```

例 5.3 Swift 参数默认值的使用。

程序代码：

```
/**
  * 功能:Swift 参数默认值的使用
  * 作者:罗良夫
  */
//参数的默认值
func isLeapFebruary(year:Int = 2022) -> Int{
    if year % 4 == 0 && year % 100 != 0 || year % 400 == 0{
        return 29
    }else{
        return 28
    }
}
var year = 2024
var februryDay = isLeapFebruary(year:year)
print("\(year)\(februryDay == 29 ? "是闰年,2 月份有 29 天." : "不是闰年,2 月份有 28 天.")")
februryDay = isLeapFebruary()
print("2022 年\(februryDay == 29 ? "是闰年,2 月份有 29 天." : "不是闰年,2 月份有 28 天.")")
```

执行结果：

```
2024 是闰年,2 月份有 29 天.
2022 年不是闰年,2 月份有 28 天.
```

5.1.6 参数标签

Swift 函数中每个参数有两个名称，即参数标签与参数名，参数标签用于函数调用过程中；参数名用于函数定义过程中。当只写参数名时，表示参数标签与参数名相同。

参数标签定义的语法格式：

```
func 函数名(参数标签 参数名:数据类型)->返回值类型{
    使用参数名的语句块
    return 语句
}
函数名(参数标签:值)
```

视频讲解

注：在参数标签定义时可以使用"_"作为占位符，在函数调用时可以省略参数标签的书写。

例 5.4 Swift 参数标签的使用。

程序代码：

```
/**
  * 功能:Swift 参数标签的使用
  * 作者:罗良夫
  */
//参数标签
func showName(user name:String){
    print("欢迎\(name)登录!")
}
showName(user:"罗良夫")
//参数标签与参数名同名
```

```
func isLeapYear(year:Int){
    if year % 4 == 0 && year % 100 != 0 || year % 400 != 0{
        print("\(year)是闰年!")
    }else{
        print("\(year)不是闰年!")
    }
}
isLeapYear(year:2022)
//_占位符的使用
func averageAge(_ age:Int...) -> Double{
    var sum:Int = 0
    for tmp in age{
        sum += tmp
    }
    return Double(sum)/Double(age.count)
}
print("学生的平均年龄:\(averageAge(18,23,19,20,22))岁.")
```

执行结果:

```
欢迎罗良夫登录!
2022 是闰年!
学生的平均年龄:20.4 岁.
```

5.1.7 输入输出参数

Swift 函数参数采用的是值传递方式,当需要在函数调用结束后保留参数值,则需要使用输入输出类型的参数,对应的关键字是 inout,语法格式如下。

输入输出参数使用的语法格式:

```
func 函数名(参数名:inout 数据类型)->返回值类型{
    语句块
    return 语句
}
函数名(&参数名)
```

例 5.5 Swift 输入输出参数的使用。

程序代码:

```
/**
 * 功能:Swift 输入输出参数的使用
 * 作者:罗良夫
 */
//输入输出参数的使用
func swapValue(num1:inout Int , num2:inout Int){
    var tmp:Int
    tmp = num1
    num1 = num2
    num2 = tmp
}
var num1:Int = 100 , num2 = 150
print("交换前:num1 = \(num1),num2 = \(num2)")
swapValue(num1:&num1,num2:&num2)
print("交换后:num1 = \(num1),num2 = \(num2)")
```

执行结果:

交换前:num1 = 100,num2 = 150
交换后:num1 = 150,num2 = 100

5.1.8 函数类型

视频讲解

Swift 函数可以作为数据类型定义常量或变量,可以作为函数参数及返回值类型。
(1) 函数作为数据类型的语法格式

```
let/var 常量/变量名:(参数类型1,……)->返回值类型
```

(2) 函数作为参数类型的语法格式

```
func 函数名(参数名:(参数类型1,……)->返回值类型){
    语句块
}
```

注:函数作为参数类型时,需要写返回值类型,无返回值时写"->Void"。

(3) 函数作为返回值类型的语法格式

```
func 函数名(参数名:数据类型)->(参数类型1,……)->返回值类型{
    语句块
}
```

注:函数作为返回值类型时,需要使用小括号将其包含起来。

例 5.6 函数类型示例。
程序代码:

```swift
/**
 *功能:函数类型示例
 *作者:罗良夫
 */
//函数类型
func add(num1:Int , num2:Int) -> Int{
    return num1 + num2
}
func div(num1:Int , num2:Int) -> Int{
    return num1 - num2
}
var cal:(Int,Int) -> Int = add
let res1 = cal(730,35012)
print("res1 = \(res1)")
cal = div
let res2 = cal(730,35012)
print("res2 = \(res2)")
//函数作参数类型
func showMsg(user:String , message:String) -> Void{
    print("\(user)say: \(message).")
}
func caller(funcName:(String,String) -> Void,v1:String,v2:String){
    funcName(v1,v2)
}
caller(funcName:showMsg,v1:"罗良夫",v2:"iOS综合应用开发")
//函数类型作为返回值类型
```

```
func selfInspection(){
    print("机器自检……")
}
func startUp()->(()->Void){
    print("机器开机……")
    return selfInspection
}
var si = startUp()
si()
```

执行结果：

```
res1 = 35742
res2 = -34282
罗良夫 say: iOS 综合应用开发.
机器开机……
机器自检……
```

5.1.9 函数嵌套

视频讲解

Swift 允许在函数中定义内部函数，外部函数可以调用内部函数。

函数嵌套的语法格式：

```
func 函数名(参数名1;参数类型,……)->返回值类型{
func 函数名(参数名1:参数类型,……)->返回值类型{
    语句块
    return 语句
}
    语句块
    return 语句
}
```

注：内部函数可以使用外部函数的参数。

例 5.7 函数嵌套示例。

程序代码：

```
/**
 * 功能:函数嵌套示例
 * 作者:罗良夫
 */
//函数嵌套
func average(values:Double...)->Double{
    func sum()->Double{
        var sum:Double = 0
        for n in values{
            sum += n
        }
        return sum
    }
    return sum()/Double(values.count)
}
print("result = \(average(values:1.3,3.14,6.43))")
```

执行结果：

```
result = 3.6233333333333335
```

5.1.10　多返回值函数

每个函数只能返回一个值,Swift 可以通过元组类型间接实现返回多个值。

多返回值函数的语法格式:

```
函数名(参数名1:参数类型, …… ) ->(元组类型){
    语句块
    return 语句
}
```

例 5.8　多返回值函数示例。

程序代码:

```
/**
 *功能:多返回值函数示例
 *作者:罗良夫
 */
//多返回值函数
func teacherInfo(name:String,age:Int,research:String) ->(String,Int,String){
    return (name,age,research)
}
var teacher1 = teacherInfo(name:"罗良夫",age:37,research:"AI")
print("教师 1 信息:\(teacher1)")
```

执行结果:

```
教师 1 信息:("罗良夫", 37, "AI")
```

5.2　Swift 闭包

5.2.1　Swift 闭包概述

Swift 可以通过字符串和整数形式使用函数,函数的这种用法称为闭包。Swift 闭包是自包含代码块,可以在代码中被传递和使用。闭包可以捕获与存储其所在上下文中任意常量和变量的引用,也就是所谓"闭合并包裹"着这些常量和变量。

Swift 闭包的特点如下:
- Swift 闭包可以通过上下文推断其参数和返回值类型;
- 隐式返回单表达式闭包时,可以省略 return 关键字;
- 参数名称可以缩写;
- 尾随(Trailing)闭包语法。

闭包的三种形式如下。

(1) 全局函数:有名字但不会捕获任何值的闭包。
(2) 嵌套函数:有名字并可以捕获其封闭函数域内值的闭包。
(3) 闭包表达式:没有名字但可以捕获上下文中变量和常量值的闭包。

5.2.2　Swift 闭包表达式

闭包表达式的语法格式:

视频讲解

```
{(参数名:参数类型……)->返回值类型 in
    语句块
}
```

注：闭包表达式的参数可以为常量和变量，也可以使用 inout 类型，但不能提供默认值；在参数列表的最后可以使用可变参数；可以使用元组作为参数和返回值。

例 5.9 闭包表达式示例。

程序代码：

```
/**
 * 功能:闭包表达式示例
 * 作者:罗良夫
 */
var cityName:[String] = ["wuhan","beijing","shanghai","guangzhou"]
var citySorted = cityName.sorted(by:{(s1:String,s2:String) -> Bool in return s1 < s2})
print("升序排列:\(citySorted)")
```

执行结果：

升序排列:["beijing", "guangzhou", "shanghai", "wuhan"]

5.2.3 Swift 闭包的简写形式

Swift 闭包简写形式 1：

{参数名 1,…… in return 返回值表达式}

注：Swift 闭包可以省略参数类型和返回值类型，Swift 通过上下文可以推断出参数类型。

Swift 闭包简写形式 2：

{参数名 1,…… in 返回值表达式}

注：Swift 闭包中只有一条语句时，可以省略 return 关键字。

Swift 闭包简写形式 3：

{ $n 语句}

注：$n 是参数的简写形式，n 表示实际参数序号，$0 代表第一个参数；使用 $ 简写参数时，可以省略参数的定义，Swift 会自动推断参数的数据类型；in 关键字可以省略，闭包表达式由函数体组成。

Swift 闭包简写形式 4：

{运算符}

注：Swift 闭包只有一条语句时，可以省略参数名。

尾随闭包的语法格式：

函数名(……){闭包表达式}

注：尾随闭包是将闭包表达式写在函数参数列表之后，函数支持将其作为最后一个参数调用。

例 5.10 Swift 闭包的简写形式。

程序代码：

```
/**
* 功能:Swift 闭包的简写
* 作者:罗良夫
*/
func isLeapYear(year:Int , mth:(Int) -> Bool){
    if mth(year) == true{
        print("\(year)是闰年!")
    }else{
        print("\(year)不是闰年!")
    }
}
//闭包简写形式 1
var y = 2022
isLeapYear(year:y , mth:{(p1) in  return (y % 4 == 0 && y % 100 != 0 || y % 400 == 0) ? true : false})
//闭包简写形式 2
y = 2024
isLeapYear(year:y , mth:{(p1) in   (y % 4 == 0 && y % 100 != 0 || y % 400 == 0) ? true : false})
//闭包简写形式 3
func compareBigOrSmall(n1:Int , n2:Int, fun:(Int,Int) -> Int) -> Int{
    return fun(n1,n2)
}
var v1 = 192 , v2 = 841
var max = compareBigOrSmall(n1:v1,n2:v2,fun:{ $0 > $1 ? $0 : $1})
print("\(v1)与\(v2)中较大的数是\(max).")
//闭包简写形式 4
func subtraction(n1:Int,n2:Int,fun:(Int,Int) -> Int) -> Int{
    return fun(n1,n2)
}
var n1 = -930 , n2 = 1293
var res = subtraction(n1:n1,n2:n2,fun: - )
print("\(n1) - \(n2) = \(res)")
//尾随闭包
y = 2028
isLeapYear(year:y){(p1) in   (y % 4 == 0 && y % 100 != 0 || y % 400 == 0) ? true : false}
```

执行结果:

2022 不是闰年!
2024 是闰年!
192 与 841 中较大的数是 841.
-930 - 1293 = -2223
2028 是闰年!

5.3 Swift 内存管理

5.3.1 Swift 内存管理概述

Swift 使用自动引用计数(Auto Reference Count,ARC)机制来解决应用程序的内存管理问题。一般来说,应用不需要进行内存管理,系统会自动管理类的实例,并在适当的时候释放其占用的内存。

当类创建实例化对象时,系统会分配指定大小的内存空间存储实例的相关数据,当该实例不再被使用时，ARC会自动释放实例所占用的内存空间。

5.3.2 强引用

视频讲解

实例对象在使用中时，ARC将通过跟踪和计算实例的所有引用数（即该实例被多少属性、常量与变量引用）来确保该实例的内存空间不会被释放，引用数大于0时，实例对象所占内存不会被释放。

属性、常量与变量对实例对象的引用为强引用。Swift中可以通过CFGetRetainCount获取实例对象的引用计数。

当两个类同时使用对方作为属性时，会产生两个类之间的循环引用，导致两个类的实例对象无法被ARC销毁，造成内存泄漏。

例5.11 Swift强引用示例。

程序代码：

```
/**
 * 功能:Swift强引用示例
 * 作者:罗良夫
 */
import UIKit

class Staff{
    var name:String
    var age:Int
    var manager:Manager?
    init(name:String,age:Int){
        print("Staff instance is created.")
        self.name = name
        self.age = age
    }
    deinit{
        print("Staff instance is destroyed.")
    }
}
class Manager{
    var name:String
    var age:Int
    var staff:Staff?
    init(name:String,age:Int){
        print("Manager instance is created.")
        self.name = name
        self.age = age
    }
    deinit{
        print("Manager instance is destroyed.")
    }
}
var sta:Staff? = Staff(name: "one", age: 19)
var man:Manager? = Manager(name: "two", age: 20)
sta?.manager = man
man?.staff = sta
print("sta:\(CFGetRetainCount(sta))")
```

```
        sta = nil
        man = nil
```

执行结果：

```
Staff instance is created.
Manager instance is created.
sta:3
```

5.3.3 弱引用

Swift 可以通过弱引用来解决强引用产生的循环引用问题，弱引用不会对其引用的实例保持强引用，因而不会阻止 ARC 销毁被引用的实例，ARC 会在引用的实例被销毁后自动将其弱引用赋值为 nil，所以对实例对象的引用需要设置成可选类型，Swift 中用关键字 weak 表示弱引用类型。

例 5.12 弱引用示例。

程序代码：

```
/**
 * 功能:Swift 弱引用示例
 * 作者:罗良夫
 */
import UIKit

class Staff{
    var name:String
    var age:Int
    var manager:Manager?
    init(name:String,age:Int){
        print("Staff instance is created.")
        self.name = name
        self.age = age
    }
    deinit{
        print("Staff instance is destroyed.")
    }
}
class Manager{
    var name:String
    var age:Int
    //弱引用:当 Staff 引用为 nil 时,staff 的值自动为 nil
    weak var staff:Staff?
    init(name:String,age:Int){
        print("Manager instance is created.")
        self.name = name
        self.age = age
    }
    deinit{
        print("Manager instance is destroyed.")
    }
}
var sta:Staff? = Staff(name: "one", age: 19)
var man:Manager? = Manager(name: "two", age: 20)
```

```
sta?.manager = man
man?.staff = sta
print("sta:\(CFGetRetainCount(sta))")
sta = nil
```

执行结果：

```
Staff instance is created.
Manager instance is created.
sta:2
Staff instance is destroyed.
```

视频讲解

5.3.4 无主引用

Swift 无主引用允许循环引用中的一个实例引用另一个实例而不保持强引用，Swift 中用关键字 unowned 表示无主引用。无主引用不会在被引用实例销毁后自动赋值为 nil。无主引用必须确保引用始终指向一个未销毁的实例，如果在赋给无主引用的实例被销毁后访问无主引用，会触发运行时错误。

例 5.13 无主引用示例。

程序代码：

```
/**
 * 功能:Swift 无主引用示例
 * 作者:罗良夫
 */
import UIKit

class Staff{
    var name:String
    var age:Int
    var manager:Manager?
    init(name:String,age:Int){
        print("Staff instance is created.")
        self.name = name
        self.age = age
    }
    deinit{
        print("Staff instance is destroyed.")
    }
}
class Manager{
    var name:String
    var age:Int
    //无主引用
    unowned var staff:Staff
    init(name:String,age:Int,staff:Staff){
        print("Manager instance is created.")
        self.name = name
        self.age = age
        self.staff = staff
    }
    deinit{
        print("Manager instance is destroyed.")
```

```
        }
    }
    var sta:Staff? = Staff(name: "one", age: 19)
    var man:Manager? = Manager(name: "two", age: 20,staff: sta!)
    sta?.manager = man
    man?.staff = sta!
    print("sta:\(CFGetRetainCount(sta))")
    sta = nil
```

执行结果：

```
Staff instance is created.
Manager instance is created.
sta:2
Staff instance is destroyed.
```

5.4 小结

Swift 函数是具有固定格式，用来解决某个问题或实现一定功能的代码块，在 Swift 中用关键字 func 表示。Swift 函数支持可变参数的使用，适合于参数数量可变的情况；Swift 允许给函数的参数指定默认值；Swift 函数参数有两个名称，即参数标签与参数名；Swift 函数具有输入输出参数功能，允许使用引用方式调用参数。

Swift 闭包是自包含代码块，可以在代码中被传递和使用。Swift 闭包可以通过上下文推断其参数和返回值类型。Swift 闭包具有全局函数、嵌套函数、闭包表达式三种形式。

习题

一、单选题

1. Swift 中函数通过关键字（　　）进行定义。
   A. meth　　　　B. param　　　　C. class　　　　D. func
2. Swift 可变参数对应的关键字是（　　）。
   A. …　　　　　B. ->　　　　　　C. ♯♯　　　　　D. //
3. Swift 的内存管理通过（　　）机制来实现。
   A. 垃圾回收　　B. 循环引用　　　C. ARC　　　　　D. 链式指针
4. Swift 闭包的形式不包括（　　）。
   A. 嵌套函数　　B. 全局函数　　　C. 闭包表达式　　D. 复合函数

二、填空题

1. Swift 闭包以_____和_____形式使用函数。
2. Swift 函数的每个参数有两个名称，即_____与参数名。
3. 属性、常量与变量对实例对象的引用为_____引用。
4. 输入输出类型的参数的关键字是_____。
5. Swift 闭包中隐式返回单表达式闭包时，可以省略_____关键字。

实训 函数与闭包

1. 函数

```
//加法函数
func add(v1:Int,2:Int) -> Int {
    let result = v1 + v2
    return result
}
var result = 0
result = add(v1: 2, v2: 3)
print("2 + 3 = \(result) ")
```

2. 闭包

```
let clo1:(String, String) -> String = { (str1: String, str2: String) -> String in
    return str1 + str2
}
print(clo1("simple", " closure."))
```

第 6 章

Swift 结构体、类与访问控制

6.1 Swift 结构体

6.1.1 Swift 结构体的概述

Swift 结构体用于存储多种不同类型的数据,同时可以定义多个方法,对应的关键字是 struct。结构体成员是值类型,结构体通过复制值的方式参与运算。

Swift 标准库中大多数数据类型都是结构体类型,如 Bool、Int、Double、String、Array、Dictionary 等类型都是结构体类型。Swift 结构体一般用于创建自定义数据类型。

结构体具有如下特点:
- 结构体中可以通过 let/var 定义数据成员;
- 结构体中可以通过 func 定义函数成员;
- 结构体是值类型,结构体容器会参与计算过程;
- 结构体中可以定义 getter、setter 方法;
- 结构体中可以定义初始化方法;
- 结构体在调用时可以传入所有成员值以初始化成员。

6.1.2 Swift 结构体的定义

Swift 结构体通过 struct 关键字定义结构体类型,其中可以包含常量、变量、自定义方法、构造方法。

结构体定义的语法格式:

```
struct 结构体名{
    let 常量名:数据类型
    var 变量名:数据类型
    init(){
        语句块
    }
    func 方法名(参数名1:数据类型,……)->返回值类型{
        语句块
        return 语句
    }
```

6.1.3 Swift 结构体实例的创建

Swift 结构体实例通过构造方法进行创建,创建过程中需要保证所有数据成员都具有初始值。

创建 Swift 结构体实例的语法格式:

let/var 常量/变量名:结构体名 = 结构体名(数据成员名1:值1,……)

注:如果 Swift 结构体定义过程中未对数据成员初始化,那么在结构体实例的定义过程中,需要在构造方法中对数据成员进行初始化操作。

6.1.4 Swift 结构体成员的访问

Swift 结构体成员通过点访问符"."进行访问。结构体实例通过点访问符对数据成员进行数据读取和写入操作,对于方法成员进行调用操作。

访问 Swift 结构体成员的语法格式:

Swift 结构体常量/变量.成员

例 6.1　Swift 结构体定义及使用。

程序代码:

```
/**
 * 功能:Swift 结构体定义及使用
 * 作者:罗良夫
 */
//带初始值的结构体
struct Student{
    var name:String = "罗良夫"
    var age:Int = 37
    var major:String = "人工智能"
    
    func showInfo(){
        print("该同学的信息为:\n\t 姓名:\(name)\n\t 年龄:\(age)\n\t 专业:\(major)")
    }
}
//通过默认构造方法定义结构体实例
var stu1 = Student()
stu1.showInfo()
//自定义数据成员的结构体实例
var stu2 = Student(name:"张三",age:18,major:"计算机科学与技术")
stu2.showInfo()
//不带初始值的结构体
struct Computer{
    var cpu:String
    var ram:String
    var hardDisk:String
    var videoCard:String
    
    func startUp(){
        print("系统自检……")
        print("自检完毕,开机……")
```

```
    }
    func showInfo(){
        print("计算机信息如下:\n\t1.CPU:\(cpu)\n\t2.内存:\(ram)\n\t3.硬盘:\(hardDisk)\n\t4.显卡:\(videoCard)")
    }
    func shutDown(){
        print("再见!")
    }
}
//不带初始值的结构体实例的定义
var computer1:Computer = Computer(cpu:"i9 - 12900K",ram:"威刚(ADATA) DDR4 2400 频 8GB",hardDisk:"三星 860 PRO SSD",videoCard:"RTX3090Ti")
//通过点访问符修改数据成员
computer1.cpu = "AMD 3990X"
computer1.startUp()
computer1.showInfo()
computer1.shutDown()
```

执行结果:

```
该同学的信息为:
    姓名:罗良夫
    年龄:37
    专业:人工智能
该同学的信息为:
    姓名:张三
    年龄:18
    专业:计算机科学与技术
系统自检……
自检完毕,开机……
计算机信息如下:
    1.CPU:AMD 3990X
    2.内存:威刚(ADATA) DDR4 2400 频 8GB
    3.硬盘:三星 860 PRO SSD
    4.显卡:RTX3090Ti
再见!
```

6.1.5　Swift 结构体的构造方法

视频讲解

Swift 结构体通过 init()方法名定义构造方法(又称构造器),构造方法的主要作用是创建结构体实例。Swift 默认为每个结构体定义一个无参数的构造方法,当自定义构造方法后,Swift 不再提供默认的构造方法。

无参数构造方法的语法格式:

```
init(){
    语句块
}
```

带参数构造方法的语法格式:

```
init(参数名 1:数据类型,……){
    语句块
}
```

一个结构体中可以添加零到多个构造方法,系统默认提供一个无参数的构造方法;在

init()方法中对结构体数据成员赋值,如果参数名与数据成员同名,可以在数据成员名前加上 self 关键字区分,self 表示当前结构体实例;init()方法前不加 func 关键字;init()方法的参数列表后不加返回值类型,方法中不使用 return 语句。

例 6.2 Swift 构造方法的使用。

程序代码:

```
/**
*功能:Swift 构造方法的使用
*作者:罗良夫
*/
//默认构造方法
struct Car{
    var energyType:String
    var engine:String
    func startUp(){
        print("汽车启动")
    }
}
var car1 = Car(energyType:"汽油",engine:"1.6L/L4/135 马力")
print("car1 是\(car1.energyType)类型的汽车,发动机为\(car1.engine).")
//带参数构造方法
struct iPhone{
    var cpu:String = ""
    var capacity:String = ""
    var system:String = ""
    init(cpu:String,capacity:String,system:String){
        self.cpu = cpu
        self.capacity = capacity
        self.system = system
    }
    func showConfiguration(){
        print("iPhone 手机的配置:\n\tcpu:\(cpu)\n\tcapacity:\(capacity)\n\tsystem:\(system)")
    }
}
var iphone14 = iPhone(cpu:"A15",capacity:"128G",system:"iOS16")
iphone14.showConfiguration()
```

执行结果:

```
car1 是汽油类型的汽车,发动机为 1.6L/L4/135 马力.
iPhone 手机的配置:
    cpu:A15
    capacity:128G
    system:iOS16
```

6.1.6 Swift 结构体的计算属性

视频讲解

Swift 结构体支持计算属性,即通过 get 与 set 方法改变属性的值,get 方法用于获取属性的值,set 方法用于设置属性的值。属性分为读写属性与只读属性两种,读写属性需要定义 get 与 set 方法,只读属性只需要定义 get 方法。

第6章 Swift结构体、类与访问控制

结构体读写属性的语法格式：

```
struct 结构体名{
    属性定义
    方法定义
    var 属性名:数据类型{
        get{
            return 值
        }
        set(newValue){
            赋值表达式
        }
    }
}
```

结构体只读属性的语法格式：

```
struct 结构体名{
    var 属性名:数据类型{
        return 值
    }
}
```

例6.3 结构体属性get和set方法的使用。
程序代码：

```
/**
*功能:结构体属性 get 和 set 方法
*作者:罗良夫
*/
//读写属性
import UIKit
struct Temperature{
    var centigrade:Double = 0.0
    var fahrenheit:Double{
        get{
            return centigrade * 1.8 + 32
        }
        set(newValue){
            centigrade = (newValue - 32)/1.8
        }
    }
}
var t1 = Temperature(centigrade:15)
print("今天的温度为:\n\t\(t1.centigrade)摄氏度,\n\t\(t1.fahrenheit)华氏度.")
t1.fahrenheit = 108
let cent1 = String(format:"%.2f",t1.centigrade)
let fah1 = String(format:"%.2f",t1.fahrenheit)
print("今天的温度为:\n\t\(cent1)摄氏度,\n\t\(fah1)华氏度.")
//只读属性
struct company{
    var name:String
    var dateOfEstablishment:String{
        return "2022 - 10 - 6"
    }
}
var luo = company(name:"iOS")
print("公司名称:\(luo.name),公司成立日期:\(luo.dateOfEstablishment)")
```

执行结果:

今天的温度为:
15.0 摄氏度,
59.0 华氏度.
今天的温度为:
42.22 摄氏度,
108.00 华氏度.
公司名称:iOS,公司成立日期:2022-10-6

6.1.7　Swift 结构体属性观察器

Swift 结构体通过属性观察器监控属性值的变化,属性观察器通过定义 willSet 与 didSet 来创建。当属性值发生变化时会自动调用属性观察器,willSet 观察器在属性被赋值前执行,didSet 观察器在属性被赋值后执行。

willSet 会将新属性值传入观察器,可以为新属性值定义标识符,不对新属性值定义名称时,可以使用默认名称 newValue;didSet 会将旧属性值传入观察器,可以为旧值定义标识符,不对旧属性值定义名称时,可以使用默认名称 oldValue。

创建 Swift 结构体属性观察器的语法格式:

```
struct 结构体类型名{
    let/var 属性名:数据类型{
        willSet(newValue){
            语句块
        }
        didSet(oldValue){
            语句块
        }
    }
}
```

例 6.4　Swift 结构体属性观察器示例。

程序代码:

```
/**
 * 功能:Swift 结构体属性观察器示例
 * 作者:罗良夫
 */
struct Student{
var name:String = ""
var graduates:Int = 2022
var minimumCredit:Int = 150{
    willSet(newCreadit){
        if newCreadit < 0 || newCreadit > 200{
            print("学分错误,请重新输入.")
            minimumCredit = 150
        }else{
            print("当前毕业要求最低学分为\(newCreadit)分.")
        }
    }
    didSet(oldCredit){
        if minimumCredit < oldCredit{
```

```
            print("\(graduates)届毕业学分要求比往年低\(oldCredit - minimumCredit)分.")
        }else if minimumCredit > oldCredit{
            print("\(graduates)届毕业学分要求比往年高\(minimumCredit - oldCredit)分.")
        }
    }
  }
}
var s1 = Student()
s1.minimumCredit = 160
```

执行结果：

当前毕业要求最低学分为 160 分。
2022 届毕业学分要求比往年高 10 分。

6.1.8 Swift 结构体下标

视频讲解

Swift 结构体可以通过下标访问结构体元素，对应的关键字是 subscript。可以在结构体中定义多个下标，Swift 会根据下标类型选择合适的下标。下标中通过定义 get、set 方法来访问/设置属性值。下标可以定义成读写或只读类型。

定义 Swift 结构体下标的语法格式：

```
struct 结构体类型名{
    结构体成员
    subscript(参数名1:数据类型,……)->返回值类型{
        get{
            语句块
            return 语句
        }
        set(newValue){
            赋值语句
        }
    }
}
```

注：subscript 可以包含多个参数，它支持可变参数，参数与返回值可以是多种数据类型；返回值类型不能省略；set 方法可以省略；只包含 get 方法时，可以省略 get 关键字。

例 6.5 Swift 结构体下标的使用。

程序代码：

```
/**
 * 功能:Swift 结构体下标的使用
 * 作者:罗良夫
 */
import UIKit

struct IPAddress{
    var ip:String = "0.0.0.0"
    subscript(n:Int) -> String{
        get{
            let res = ip.components(separatedBy: ".")
            return res[n]
        }
        set(newValue){
```

```
                var res = ip.components(separatedBy: ".")
                res[n] = newValue
                ip = res[0] + res[1] + res[2] + res[3]
            }
        }
    }
}
var s1 = IPAddress()
s1.ip = "192.168.1.1"
print("s1[0] = \(s1[0])")
s1[3] = "100"
print(s1.ip)
```

执行结果:

```
s1[0] = 192
192.168.1.100
```

6.1.9 静态属性与静态方法

Swift 结构体可以使用关键字 static 定义静态属性与静态方法,通过结构体类型名进行静态属性访问与静态方法调用。

Swift 定义结构体静态属性与静态方法的语法格式:

```
struct 结构体类型名{
    static let/var 常量名/变量名:数据类型 = 值
    static var 变量名:数据类型 = {
        get{
            return 语句
        }
        set(新值){
            赋值语句
        }
    }
    static func 方法名(参数名1:数据类型,……) ->返回值类型{
    }
}
```

注:通过 static 定义计算属性时可以省略 set 部分的定义。

6.2 Swift 类

6.2.1 Swift 类概述

类是对现实世界中具有相同属性和相似行为的事物的抽象,如人类、动物类、植物类等,Swift 中类是用大括号封装的代码块,其中属性部分用常量/变量表示,行为部分用方法表示。Swift 中类的关键字是 class。Swift 支持面向对象式的编程,即使用类的形式组织代码。Swift 中类用于创建对象,类是对现实事物抽象的定义,对象是包含实际数据的具体事例。

Swift 类的特点如下:

- Swift 类与类成员可以通过访问修饰符控制使用范围;

- Swift 类支持继承机制，子类自动继承父类中的属性与方法；
- Swift 类支持多态机制，通过方法重写实现同一行为在子类中不同的效果。

Swift 中结构体与类有许多相同点，例如都可以包含数据成员与方法成员，都可以定义构造方法，并且通过构造方法创建对应实例，都可以使用类型别名，都可以定义下标等。Swift 中结构体和类也存在一些区别，具体区别如下：

- 类的关键字是 class，结构体的关键字是 struct；
- 类是引用类型，结构体是值类型；
- 类的方法成员可以修改数据成员，结构体中的方法不能直接修改数据成员；
- 类可以定义析构方法 deinit，结构体不能定义析构方法；
- 类支持继承机制，结构体不支持继承机制；
- 类中数据存储在堆中，结构体中数据存储在栈中；
- 类的实例化对象之间可以使用恒等运算符"==="进行比较，结构体实例不能通过恒等运算符进行比较。

6.2.2 Swift 类的定义

Swift 中通过 class 关键字定义类，通过大括号定义类体，类体中可以包含数据成员、方法成员、构造方法、析构方法、下标定义等元素。

Swift 类定义的语法格式：

```
class 类名{
    数据成员
    方法成员
    构造方法
    析构方法
}
```

6.2.3 Swift 类的构造方法

Swift 构造方法用于创建类的实例对象，在 Swift 中对应的关键字是 init。构造方法为对象分配内存空间，同时可以进行初始化等操作。Swift 构造方法分为指定构造方法与便利构造方法两类，指定构造方法是类的主要构造方法，每个类至少包含一个指定构造方法，在一个类中可以创建多个指定构造方法；便利构造方法需要在 init 前添加关键字 convenience，每个类可以创建零到多个便利构造方法。

指定构造方法与便利构造方法的特点如下：

- 指定构造方法中需要使用 super 关键字调用父类中的指定构造方法，super 关键字代表父类对象；
- 在调用父类指定的构造方法之后，在子类中才能修改父类的属性值；
- 在调用父类的构造方法之后，才能使用 self 关键字；
- 便利构造方法中可以调用其他构造方法，被调用的构造方法必须是当前类中定义的构造方法；
- 在便利构造方法中修改属性值必须在调用指定构造方法之后。

定义无参数的指定构造方法的语法格式：

```
init(){
    语句块
}
```

注：init 前不添加 func 关键字；构造方法不添加返回值，语句块部分不能使用 return 语句；当类中未定义 init 方法时，Swift 会自动提供无参数的构造方法。

定义有参数的指定构造方法的语法格式：

```
init(参数名 1:数据类型,……){
    语句块
}
```

注：创建有参数的指定构造方法之后，Swift 不再提供默认构造方法；一般在创建有参数的指定构造方法后，同时创建一个无参数的指定构造方法；指定构造方法一般用于初始化类的数据成员，当参数名与数据成员名相同时，需要使用 self 关键字进行区分，self 关键字代表类的当前实例对象。

定义无参数的便利构造方法的语法格式：

```
convenience init(){
    语句块
    指定构造方法
}
```

定义有参数的便利构造方法的语法格式：

```
convenience init(参数名 1:数据类型,……){
    语句块
    指定构造方法
}
```

6.2.4　Swift 类的析构方法

类的实例对象在释放前会自动调用析构方法（又称析构器），对应的关键字是 deinit。每个类最多只能包含一个析构方法，一般用于对资源的释放。

定义析构方法的语法格式：

```
deinit{
    语句
}
```

注：析构方法 deinit 前不加关键字 func，deinit 后不加小括号；析构方法由 Swift 自动调用，用户不能手动调用析构方法。

视频讲解

6.2.5　Swift 类实例的创建

Swift 类通过构造方法创建实例对象，创建过程中可以通过参数初始化数据成员，具体格式如下：

类名（[参数名 1:数据类型,……]）

注：类实例化的过程中可以不添加参数，也可以对数据成员进行初始化。

例 6.6 Swift 类的定义及使用。

程序代码：

```swift
/**
 * 功能:Swift 类的定义及使用
 * 作者:罗良夫
 */
//类定义
class Student{
    var name:String = ""
    var gender:String = ""
    var age:UInt8 = 0
    var major:String = ""
    //指定构造方法
    init(){
        print("Student 类的指定构造方法被调用。")
    }
    //便利构造方法
    convenience init(name:String , gender:String , age:UInt8 , major:String){
        self.init()
        print("Student 类的便利构造方法被调用。")
        self.name = name
        self.gender = gender
        self.age = age
        self.major = major
    }
    //析构方法
    deinit{
        print("Student 析构方法被调用.")
    }
    func showInfo(){
        print("学生信息如下:\n\t1.姓名:\(name)\n\t2.性别:\(gender)\n\t3.年龄:\(age)\n\t4.专业:\(major)")
    }
    func study(){
        print("学习……")
    }
}
//类实例的创建
var luo:Student? = Student(name:"罗良夫",gender:"男",age:37,major:"人工智能")
luo!.showInfo()
luo = nil
```

执行结果：

Student 类的指定构造方法被调用。
Student 类的便利构造方法被调用。
学生信息如下:
　　1.姓名:罗良夫
　　2.性别:男
　　3.年龄:37
　　4.专业:人工智能
Student 析构方法被调用.

视频讲解

6.2.6 Swift 类的计算属性

Swift 提供了 get 方法与 set 方法来设置与修改属性的值,包含 get 与 set 方法的属性称为计算属性,即通过计算的方式来获取/修改属性值。Swift 计算属性分为读写属性与只读属性两类,读写属性同时包含 get 和 set 方法,只读属性只包含 get 方法。具体格式如下:

```
class 类名{
    var 属性名:数据类型{
        get{
            语句块
            return 语句
        }
        set(新值){
            赋值语句
        }
    }
}
```

计算属性只能定义为变量,不能定义为常量;get 方法用于返回计算属性的值,get 关键字后不添加小括号;set 方法根据用户的赋值改变类中其他数据成员的值;set 方法参数可以是任意合法的标识符;set 后的括号部分可以省略,省略括号用 newValue 代表新值。

定义只读属性的语法格式:

```
class 类名{
    var 属性名:数据类型{
        get{
            语句块
            return 语句
        }
    }
}
```

注:get 方法可以简写,即将 get 部分的代码写在属性数据类型后的大括号中。

例 6.7 计算属性的 get 和 set 方法的使用。

程序代码:

```
/**
 *功能:计算属性的 get 和 set 方法
 *作者:罗良夫
 */
class Point{
    init(){}
    init(x:Int,y:Int){
        self.x = x
        self.y = y
    }
    var x:Int = 0
    var y:Int = 0
}
class Size{
    var width:Int = 0
    var height:Int = 0
    init(){}
```

```
        init(width:Int,height:Int){
            self.width = width
            self.height = height
        }
    }
    class Shape{
        var origin = Point()
        var size = Size()
        init(){
        }
        init(origin:Point,size:Size){
            self.origin = origin
            self.size = size
        }
        //计算属性的定义
        var center:Point{
            get{
                let centerX = origin.x + size.width/2
                let centerY = origin.y + size.height/2
                return Point(x:centerX,y:centerY)
            }
            set{
                origin.x = newValue.x - size.width/2
                origin.y = newValue.y - size.height/2
            }
        }
    }
    var object1 = Shape(origin:Point(x:0,y:0),size:Size(width:6,height:4))
    print("形状1的中点坐标为(x:\(object1.center.x),y:\(object1.center.y))")
    object1.center = Point(x:10,y:10)
    print("形状1的中点坐标为(x:10,y:10)时,对应的原点坐标为(x:\(object1.origin.x),y:\(object1.origin.y))")
```

执行结果：

```
形状1的中点坐标为(x:3,y:2)
形状1的中点坐标为(x:10,y:10)时,对应的原点坐标为(x:7,y:8)
```

6.2.7 Swift 类的属性观察器

Swift 提供了属性观察器 willSet 与 didSet,用于监控除初始化之外的属性值变化。这两种属性观察器的用法在 6.1.7 节中已经介绍,此处不再赘述。

定义 willSet 观察器的语法格式：

```
class 类名{
    var 属性名:数据类型 = 初始值{
        willSet(自定义标识符){
            语句块
        }
    }
}
```

视频讲解

注：willSet 可以省略自定义标识符部分,省略后在代码中使用 oldValue 关键字代替。

定义 didSet 观察器的语法格式：

```
class 类名{
    var 属性名:数据类型 = 初始值{
        didSet(自定义标识符){
            语句块
        }
    }
}
```

注：didSet 可以省略自定义标识符部分，省略后在代码中使用 newValue 关键字代替；didSet 中可以修改属性值。

例 6.8 Swift 属性观察器的使用。

程序代码：

```
/**
 * 功能:Swift 属性观察器
 * 作者:罗良夫
 */
//Swift 属性观察器
class Register{
    var currentNumber:Int = 0{
        didSet(number){
            queueNumber = number - finishNumber
            print("当前预约编号为\(number),前面还剩\(queueNumber)个病人。")
        }
        willSet(number){
            print("当前预约编号为\(number),还剩\(50 - number)个号码。")
        }
    }
    var finishNumber:Int = 0{
        didSet{
            print("\(oldValue)号病人看病结束,请\(oldValue + 1)号病人进行看病。")
        }
        willSet{
            queueNumber = currentNumber - newValue
            print("当前预约编号为\(newValue),前面还剩\(queueNumber)个病人。")
        }
    }
    var queueNumber:Int = 0
}
var patient = Register()
patient.currentNumber = 5
patient.finishNumber = 3
```

执行结果：

```
当前预约编号为5,还剩45个号码。
当前预约编号为0,前面还剩0个病人。
当前预约编号为3,前面还剩2个病人。
0号病人看病结束,请1号病人进行看病。
```

6.2.8　Swift 类的下标

Swift 类支持下标的定义，即在类实例对象后面通过中括号的方式获取值，下标的关键字是 subscript。Swift 下标中通过定义 set 与 get 方法来进行设置与访问，Swift 下标分为读写类型与只读类型，读写类型表示包含 set 与 get 方法，只读类型表示只包含 get 方法。下标中可以包含多个参数，参数支持多种数据类型，参数支持可变类型参数。具体格式如下：

```
class 类名{
    subscript(参数名1:参数类型,……)->返回值类型{
        get{
            语句块
            return 语句
        }
        set(标识符){
            赋值语句块
        }
    }
}
```

注：set 后的标识符部分可以省略，省略时使用 newValue 表示新值。

例 6.9　Swift 类的下标示例。

程序代码：

```
/**
 * 功能:Swift 类的下标示例
 * 作者:罗良夫
 */
//Swift 类的下标
class GDP{
    var name:Array<String> = Array<String>(arrayLiteral:"北京","上海","广州","深圳")
    var tickets:Dictionary<Int,Int> = [010:36897,021:56738,020:69684,0755:68743]
    subscript(areaCode:Int)->Int{
        get{
            switch areaCode{
                case 010:
                    return tickets[010]!
                case 021:
                    return tickets[021]!
                case 020:
                    return tickets[020]!
                case 0755:
                    return tickets[0755]!
                default:
                    return -1
            }
        }
        set(newGdp){
            switch areaCode{
                case 010:
                    tickets[010] = newGdp
                case 021:
                    tickets[021] = newGdp
```

```
                        case 020:
                            tickets[020] = newGdp
                        case 0755:
                            tickets[0755] = newGdp
                        default:
                            print("区号有误!")
                    }
                }
            }
        }
var bjGDP = GDP()
print("北京市的 GDP:\(bjGDP[010])")
bjGDP[010] = 52079
print("北京市的 GDP:\(bjGDP[010])")
//Swift 类的多参数下标
class ComplexNumber{
    var realPart:Int = 0
    var imaginaryPart:Int = 0
    init(){}
    init(r:Int , i:Int){
        realPart = r
        imaginaryPart = i
    }
    var unit:Int = -1
    
    subscript(r:Int , i:Int) -> String{
        get{
            return "虚数为:\(r) + \(i) * i"
        }
        set{
            realPart = r
            imaginaryPart = i
        }
    }
}
var cn = ComplexNumber(r:10,i:6)
print("虚数为:\(cn.realPart) + \(cn.imaginaryPart) * i")
print(cn[5,3])
```

执行结果：

```
北京市的 GDP:36897
北京市的 GDP:52079
虚数为:10 + 6 * i
虚数为:5 + 3 * i
```

视频讲解

6.2.9　Swift 的类型属性与类型方法

　　Swift 支持静态属性的定义。静态属性分为存储属性与计算属性，可以使用关键字 static 与 class 进行定义，static 可以定义存储属性与计算属性，class 只能定义计算属性。静态存储属性可以为常量或变量，静态属性通过类名进行访问。

　　Swift 支持静态方法，又称类型方法，对应的关键字是 static 与 class。静态方法可以与实例方法同名，静态方法通过类名进行调用。

关键字 static 与 class 都可以修饰方法,static 修饰的方法称为静态方法,class 修饰的称为类方法;static 与 class 都可以修饰计算属性。关键字 static 与 class 的区别如下:
- class 不能修饰存储属性(存储属性-存储变量)。
- 用 class 修饰的计算属性可以被重写,用 static 修饰的不能被重写。
- static 可以修饰存储属性,static 修饰的存储属性称为静态变量(常量)。
- static 修饰的静态方法不能被重写,class 修饰的类方法可以被重写。
- class 修饰的类方法被重写时,可以使用 static 让其变为静态方法。
- class 修饰的计算属性被重写时,可以使用 static 让其变为静态属性,但它的子类就不能被重写了。
- class 只能在类中使用,但是 static 可以在类、结构体或者枚举中使用。

定义静态属性与静态方法的语法格式:

```
class 类名{
    static 属性名:数据类型 = 初始值
    static 属性名:数据类型{
        get{
            return 语句
        }
        set(标识符){
            赋值语句
        }
    }
    class 属性名:数据类型{
        get{
            return 语句
        }
        set(标识符){
            赋值语句
        }
    }
    static func 方法名(参数名1:数据类型,……)->返回值类型{
        语句块
    }
    class func 方法名(参数名1:数据类型,……)->返回值类型{
        语句块
    }
}
```

注:静态计算属性不能访问非静态属性。

例 6.10 Swift 静态属性与静态方法示例。

程序代码:

```
/**
 *功能:Swift 静态属性与静态方法示例
 *作者:罗良夫
*/
//Swift 静态属性与静态方法
class Undergraduate{
    static var eduSystem:Int = 4
    static var credit:Int = 150
```

```
        class var semesterNumber:Int{
            get{
                return eduSystem * 2
            }
            set{
                eduSystem = newValue / 2
            }
        }
        static var averageCreditsPerSemester:Double{
            get{
                return Double(credit) / 4.0
            }
            set{
                credit = Int(newValue * 4)
            }
        }
        static func showEduSystemAndCredit(){
            print("学制:\(eduSystem)")
            print("毕业总学分:\(credit)")
        }
        class func showSemesterNumberAndACPS(){
            print("学期数:\(semesterNumber)")
            print("平均学分:\(averageCreditsPerSemester)")
        }
}
Undergraduate.showEduSystemAndCredit()
Undergraduate.showSemesterNumberAndACPS()
```

执行结果：

学制:4
毕业总学分:150
学期数:8
平均学分:37.5

6.2.10　Swift 类的继承

Swift 支持类的继承，即复用一个类的属性与方法。Swift 中使用冒号分隔子类与父类。被继承的类称为父类、超类，继承的类称为子类、派生类。继承用来对事物进行从一般到具体的抽象，子类继承父类特性的同时，也可以增加自己的属性与方法。Swift 中没有规定所有类直接地或间接地继承自某个根类，没有继承自其他类的类称为基类。Swift 支持单继承，即每个类最多只能有一个父类；Swift 中每个类可以有多个子类，子类可以被继承形成继承链；Swift 不允许循环继承，即子类直接或间接继承父类后，父类再继承子类。

Swift 类继承的语法格式：

```
class 父类名{
    类体语句
}
class 子类名:父类名{
    子类的类体语句
}
```

注：子类中的存储属性名不能与父类中的存储属性名相同；子类中的计算属性与方法

名需要通过重写才能同名；子类的指定构造方法中可以使用 super 关键字调用父类的构造方法。

6.2.11 Swift 类的重写

视频讲解

重写指在子类中对父类中元素进行重新定义,重写发生在具有继承关系的类之间,重写对象的名称和类型要求与父类中的定义一致。Swift 支持子类对父类的属性观察器、计算属性、方法、下标、构造方法的重写,重写的关键字是 override。父类中可以使用关键字 final 阻止子类的重写。

Swift 重写的语法格式：

```
class 子类名:父类名{
    override var 存储属性名:数据类型{
        willSet{
            语句块
        }
        didSet{
            语句块
        }
    }
    override var 计算属性名:数据类型{
        get{
            return 语句块
        }
        set{
            赋值语句块
        }
    }
    override func 方法名(参数名1:数据类型,……){
        方法体
    }
    override subscript()->返回值类型{
        return 语句块
    }
    override init(){
        语句块
    }
}
```

例 6.11 Swift 类的继承与重写。

程序代码：

```
/**
*功能:Swift 类的继承与重写
*作者:罗良夫
*/
class Car{
    var brand:String = ""
    var price:Double = 0.0
    var exhaustVolume:Double = 1.0{
        willSet{
            if newValue > 0 && newValue <= 1.0{
```

```swift
                exciseTaxRate = 0.01
            }else if newValue > 1.0 && newValue <= 1.5{
                exciseTaxRate = 0.03
            }else if newValue > 1.5 && newValue <= 2.0{
                exciseTaxRate = 0.05
            }else if newValue > 2.0 && newValue <= 2.5{
                exciseTaxRate = 0.09
            }else if newValue > 2.5 && newValue <= 3{
                exciseTaxRate = 0.12
            }else if newValue > 3 && newValue <= 4{
                exciseTaxRate = 0.25
            }else if newValue > 4{
                exciseTaxRate = 0.4
            }
        }
    }
    var exciseTaxRate:Double = 1.0
    var tax:Double{
        get{
            return price / 1.13 * exciseTaxRate
        }
        set{
            exciseTaxRate = newValue/(price/1.17)
        }
    }
    func driveStyle(){
        print("驾驶位左侧行驶.")
    }
}
//Swift 类的继承
class ImportedCar:Car{
    var tariffRate:Double = 0.15
    //对计算属性的重写
    override var tax:Double{
        get{
            let p1 = price * 0.15
            let p2 = (price + p1)/(1 - exciseTaxRate) * exciseTaxRate
            let p3 = (price + p1 + p2) * 0.13
            return p1 + p2 + p3
        }
        set{
        }
    }
    //对方法的重写
    override func driveStyle(){
        print("驾驶位在右侧.")
    }
}
var car1 = Car()
car1.brand = "吉利"
car1.price = 100000
```

```swift
car1.exhaustVolume = 1.5
print("\(car1.brand)汽车的价格为\(car1.price)元,排量为\(car1.exhaustVolume),汽车购置税为\(car1.tax)元.")
var car2 = ImportedCar()
car2.brand = "宝马"
car2.price = 300000
car2.exhaustVolume = 2.0
print("\(car2.brand)汽车的价格为\(car2.price)元,排量为\(car2.exhaustVolume),汽车购置税为\(car2.tax)元.")
class Account{
    var day:Int = 0
    var interestRate:Double = 0.1{
        didSet{
            balance += balance * interestRate
        }
    }
    var balance:Double = 0.0
    var exchangeRate:Array<Double> = [7.1795,6.9711,7.9235,0.9153,0.04930]
    subscript(index:Int) -> Double{
        get{
            return exchangeRate[index]
        }
        set{
            exchangeRate.append(newValue)
        }
    }
    init(){
        print("Account 类构造方法被调用!")
    }
    init(bal:Double){
        balance = bal
    }
}
class ForeignCurrencyAccount:Account{
    var typeOfCurrency:Int = 1          //货币种类1至5
    //重写属性观察器
    override var interestRate:Double{
        didSet{
            balance += balance * interestRate * exchangeRate[typeOfCurrency]
        }
    }
    //重写无参数构造方法
    override init(){
        super.init()
        print("ForeignCurrencyAccount 构造方法被调用!")
    }
    //重写带参数构造方法
    override init(bal:Double){
        super.init(bal:bal)
        balance *= exchangeRate[typeOfCurrency]
    }
```

```
            //重写下标
            override subscript(index:Int) -> Double{
                get{
                    return exchangeRate[index]
                }
                set{
                    exchangeRate.append(newValue)
                    typeOfCurrency = exchangeRate.count + 1
                }
            }
        }
        var obj = ForeignCurrencyAccount(bal:1920)
        obj.typeOfCurrency = 2
        print("余额为:\(obj.balance)。")
```

执行结果：

吉利汽车的价格为100000.0元,排量为1.5,汽车购置税为2654.8672566371683元。
宝马汽车的价格为300000.0元,排量为2.0,汽车购置税为110368.42105263159元。
余额为:13384.511999999999。

视频讲解

6.2.12 ===与!==运算符

===称为恒等运算符,!==称为不恒等运算符,它们用于判断两个常量或变量是否指向同一个实例,即判断两个对象是否指向同一块内存空间,运算结果为true或false。

恒等运算符的语法格式：

常量1/变量1 === 常量2/变量2

不恒等运算符的语法格式：

常量1/变量1 !== 常量2/变量2

注：类的实例对象不能通过算术运算符"=="比较是否相等。

例6.12 恒等运算符示例。

程序代码：

```
/**
* 功能:恒等运算符示例
* 作者:罗良夫
*/
class Student{
    var name:String = ""
    var gender:String = ""
    var age:Int = 0
}
var stu1 = Student()
var stu2 = Student()
if stu1 === stu2{
    print("stu1 == stu2")
}else{
    print("stu1!= stu2")
}
var stu3 = Student()
```

```
var stu4 = stu3
if stu3 === stu4{
    print("stu3 == stu4")
}else{
    print("stu3!= stu4")
}
```

执行结果:

```
stu1!= stu2
stu3 == stu4
```

6.3 Swift 访问控制

6.3.1 Swift 访问控制概述

Swift 访问控制用于确定其他源文件或模块的代码对当前代码的访问级别。Swift 支持对单个类型(结构体、类、枚举)设置访问级别,也允许对类型中的属性、方法、构造方法、下标索引等成员设置访问级别。

Swift 访问控制的定义是基于模块与源文件进行的。模块是指以独立单元构建和发布的框架或应用程序,在 Swift 中通过关键字 import 导入模块。源文件是单个源码文件,它通常属于一个模块,源文件可以包含多个类型和函数的定义。

Swift 提供了五种访问控制级别,从高到低分别是 open、public、internal、fileprivate、private,各级别的含义如表 6.1 所示。

表 6.1　Swift 访问控制级别

访问控制级别	含 义
open	open 类型允许在定义实体的模块和其他模块中访问,允许其他模块进行继承和重写,open 只能用在类和类成员上
public	public 级别允许在定义实体的模块和其他模块中访问,不允许其他模块进行继承和重写
internal	internal 级别是默认访问控制级别,只允许在定义实体的模块中访问,不允许在其他模块中访问
fileprivate	fileprivate 级别只允许在定义实体的源文件中访问
private	private 级别只允许在定义实体的作用域中访问

6.3.2 Swift 访问控制的使用规则

为了不影响子类型的正常访问,Swift 规定实体不能被访问级别更低的实体定义。具体规则如下:

- 变量/常量类型的访问级别应不低于变量/常量的访问级别;
- 参数类型/返回值类型的访问级别应不低于函数的访问级别;
- 父类的访问级别应不低于子类的访问级别;
- 父协议的访问级别应不低于子协议的访问级别;
- 原类型的访问级别应不低于类型别名(typealias)的访问级别;

- 原始值类型/关联值类型的访问级别应不低于枚举类型的访问级别；
- 定义类型 A 时用到的其他类型应不低于类型 A。

6.4 小结

Swift 结构体是值类型。Swift 结构体是一种功能强大的自定义数据类型，对应的关键字是 struct，Swift 结构体中不仅可以定义属性，还可以定义方法成员。Swift 结构体通过构造方法创建对应实例，其中可以定义结构体的计算属性、属性观察器与下标。

Swift 类是引用类型，对应的关键字是 class。Swift 类的构造方法分为指定构造方法、便利构造方法两类。Swift 类中可以定义析构方法、计算属性、属性观察器、下标、类型属性及类型方法等。Swift 类具有继承机制，子类中可以对父类的属性观察器、计算属性、方法、下标、构造方法进行重写。Swift 类对象的相等关系通过恒等运算符(===)进行判断。

习题

一、单选题

1. Swift 结构体用于存储多种不同类型的数据，对应的关键字是( )。
   A. struct   B. comb   C. allias   D. key
2. Swift 结构体属性观察器在属性被赋值之前执行的是( )观察器。
   A. didOld   B. front   C. open   D. willSet
3. Swift 类的析构方法通过关键字( )定义。
   A. new   B. deinit   C. old   D. try
4. Swift 访问控制级别中允许在定义实体的模块和其他模块中访问的是( )。
   A. open   B. public   C. internal   D. fileprivate
5. Swift 类中进行重写时使用关键字( )。
   A. class   B. add   C. override   D. extend

二、填空题

1. Swift 结构体中可以包含_____、_____、自定义方法、构造方法。
2. Swift 下标通过关键字_____与_____来定义。
3. 结构体可以使用关键字_____定义静态属性与静态方法。

三、简答题

1. Swift 结构体有哪些特点？
2. 简述指定构造方法与便利构造方法的特点。

实训　结构体与类的使用

1. 结构体的使用

```
struct Frame {
    let x : Double
```

```swift
        let y : Double
    }
struct Line {
        let start: Frame
        let finish: Frame
        func length() -> Double {
            let x = start.x - finish.x
            let y = start.y - finish.y
            return (x * x + y * y).squareRoot()
        }
}
let pointA = Frame(x: 1, y: 2)
let pointB = Frame(x: 3, y: 6)
let lineAB = Line(start: pointA, finish: pointB)
print("The length of line AB is \(lineAB.length())")
```

2. 类的使用

```swift
class Student {
        var name : String
        var age : Int
        var id : String
        var basicInfo : String {
            return "\(name) is \(age) years old, the id is \(id)"
        }
        init(){
            name = "no name"
            age = 16
            id = ""
        }
        convenience init(name : String, age : Int, id : String){
            self.init()
            self.name = name
            self.age = age
            self.id = id
        }
}
class Gradute : Student {
        var supervisor : String
        var researchArea : String
        override init() {
            supervisor = ""
            researchArea = ""
            super.init()
        }
        convenience init(name : String, age : Int, id : String, supervisor : String, researchArea : String) {
            self.init(name : name, age : age, id : id)
            self.supervisor = supervisor
            self.researchArea = researchArea
        }
}
var theObj = Gradute(name: "Luo", age: 38, id: "Luo855126", supervisor: "Luo", researchArea: "Big data analysis")
```

第 7 章

Swift枚举、协议与扩展

7.1 Swift 枚举

7.1.1 Swift 枚举概述

Swift 枚举是包含一组特定值的自定义数据类型,对应的关键字是 enum,枚举元素对应的关键字是 case。

Swift 枚举的特点如下:
- Swift 枚举可以定义构造方法,Swift 枚举通过构造方法创建常量或变量;
- Swift 枚举中可以包含方法,方法中可以访问枚举元素;
- Swift 枚举可以包含原始值,原始值类型可以是整数型、浮点型、字符型、字符串型;
- Swift 枚举可以包含关联值,使枚举元素可以存储任意类型的任意个数据;
- Swift 常量/变量如果在定义的过程中指定了枚举类型,则在赋值过程中可以省略枚举类型;
- Swift 枚举是值类型,在运算过程中用值的副本参与运算。

7.1.2 Swift 枚举类型的定义

Swift 枚举类型通过 enum 关键字定义,其中每个元素通过 case 关键字定义。具体格式如下:

```
enum 枚举类型名{
    case 元素 1
    case 元素 2
    ……
}
```

注:Swift 枚举可以一行定义一个元素,也可以将多个元素写在一个 case 后面,枚举元素之间用逗号进行分隔。

7.1.3 Swift 枚举常量/变量的定义

Swift 枚举是一种自定义的数据类型,可以用于定义 Swift 常量、变量、数组、字典等数据容器,以下列出枚举常量/变量的定义格式,数组、字典的定义格式与其类似。

定义枚举常量/变量的语法格式：

let/var 常量名/变量名:枚举类型 = 枚举类型名.枚举元素

注：常量/变量名后的枚举类型可以省略，Swift 的类型推断机制可以从值推断出数据容器的类型；在定义常量与变量的类型后，在赋值过程中可以省略枚举类型名。

例 7.1 Swift 枚举类型的定义与使用。

程序代码：

```
/**
 * 功能:Swift 枚举类型
 * 作者:罗良夫
 */
//Swift 枚举类型的定义
enum TimePeriodOfADay{
    case beforeDawn
    case morning,forenoon
    case noon,afternoon,sunset
    case night,midnight
}
//枚举变量的定义
var now:TimePeriodOfADay = .forenoon
//枚举变量配合 switch 结构使用
switch now{
    case .beforeDawn:
        print("凌晨的时间段为:01:00:00～04:59:59.")
    case .morning:
        print("早上的时间段为:05:00:00～07:59:59.")
    case .forenoon:
        print("上午的时间段为:08:00:00～10:59:59.")
    case .noon:
        print("中午的时间段为:11:00:00～12:59:59.")
    case .afternoon:
        print("下午的时间段为:13:00:00～16:59:59.")
    case .sunset:
        print("傍晚的时间段为:17:00:00～18:59:59.")
    case .night:
        print("晚上的时间段为:19:00:00～22:59:59.")
    case .midnight:
        print("子夜的时间段为:23:00:00～00:59:59.")
    default:
        print("时间段有误!")
}
```

执行结果：

上午的时间段为:08:00:00～10:59:59.

7.1.4 Swift 枚举原始值

Swift 可以为每个枚举元素定义原始值，枚举原始值在编译时已经确定。Swift 枚举元素可以包含原始值，也可以不包含原始值。Swift 枚举原始值可以是整数类型、浮点数类型、字符类型、字符串类型，一个枚举类型中所有元素的原始值类型相同。原始值具有自动

视频讲解

递增特性,不需要给每个元素单独赋值。原始值通过关键字 rawValue 进行访问,每个原始值必须是唯一的,对每个枚举元素只能定义一个原始值。

当未给 Swift 枚举元素定义原始值时,对于除了字符类型之外其他类型的原始值,系统会给 Swift 枚举元素填充默认值。不同类型对应的原始值如表 7.1 所示。

表 7.1 Swift 枚举原始值的默认值

原始值类型	默 认 值
Int/UInt8/UInt16/UInt32/UInt64/Int8/Int16/In32/Int64	0
Float/Double	0.0
String	与枚举元素相同

Swift 定义枚举原始值的语法格式:

```
enum 枚举类型名:原始值类型{
    case 枚举元素名 = 原始值
    ……
}
```

Swift 访问枚举原始值的语法格式:

let/var 常量名/变量名:枚举类型 = 枚举类型名.枚举元素
常量名/变量名.rawValue

例 7.2 Swift 枚举原始值示例。

程序代码:

```
/**
 *功能:Swift 枚举原始值示例
 *作者:罗良夫
 */
//原始值的定义
    enum WeekDay:Int{
    case Monday = 1
    case Tuesday
    case Wednesday
    case Thursday
    case Friday
    case Saturday
    case Sunday
}
//原始值的访问
var today = WeekDay.Friday
print("今天是本周的第\(today.rawValue)天.")
```

执行结果:

今天是本周的第 5 天.

7.1.5 Swift 枚举关联值

Swift 枚举在定义过程中可以给元素添加额外的数据(称为关联值),使枚举元素携带更丰富的信息。Swift 每个枚举元素可以定义零到多个关联值,关联值的数据类型可以不同。枚举元素定义关联值之后,在使用枚举元素进行赋值时需要添加关联值数据。
Swift 原始值与关联值的区别如下:
- Swift 枚举关联值在定义枚举常量/变量时指定,可以根据需要进行修改;
- 原始值在定义枚举类型时设置,枚举元素的原始值在枚举定义外部不可更改;
- 一个枚举类型可以包含原始值或关联值,但不能同时定义原始值与关联值。

Swift 定义枚举关联值的语法格式:

```
enum 枚举类型{
    case 枚举元素(数据类型1,……)
    ……
}
```

Swift 访问枚举关联值的语法格式:

let/var 枚举常量名/变量名:枚举类型 = 枚举类型.枚举元素(值1,……)

注:可以通过 Swift 语句对枚举元素的关联值进行访问。

例 7.3 Swift 枚举关联值的示例。

程序代码:

```
/**
* 功能:Swift枚举关联值示例
* 作者:罗良夫
*/
//多种数据类型的关联值
enum BarCode{
    case oneDBarCode(Int,Int,Int,Int)
    case twoDBarCode(String)
}
var barcode1:BarCode = BarCode.oneDBarCode(930,295,593,129)
print("一维条形码:\(barcode1)")
var barcode2:BarCode = BarCode.twoDBarCode("101100111110011011001")
print("二维条形码:\(barcode2)")
```

执行结果:

一维条形码:oneDBarCode(930, 295, 593, 129)
二维条形码:twoDBarCode("101100111110011011001")

7.2 Swift 协议

7.2.1 Swift 协议概述

面向协议编程是 Apple 公司在 2015 年的 WWDC 上提出的一种编程范式,可以有效地降低代码耦合度。协议规定了实现某一特定功能所使用的属性与方法,Swift 中用关键字 protocol 表示协议。协议的特点如下:
- Swift 结构体、类、枚举可以遵守协议;
- Swift 协议允许多实现,即在结构体名、类名、枚举名后添加多个协议;
- 协议中可以定义属性、方法、下标、静态方法、构造方法;
- 协议中的属性需要指定类型,即{get set}类型或{get}类型;

- 协议中的属性必须用关键字 var 定义；
- 协议中的方法不能包含方法体；
- 协议中的方法不能有默认参数值；
- 协议可以使用关键字 static、class 定义方法；
- 协议中的方法默认都需要实现，不需要实现某些方法，需要在方法前加上关键字 optional，使用 optional 后协议前和方法前都需要添加@objc；
- 协议可以作为函数/方法的参数与返回值；
- 协议的定义中可以遵守其他协议；
- 类在实现协议中的初始化方法（又称初始化器）时，必须使用 required 关键字修饰初始化方法。

7.2.2 Swift 协议的定义

Swift 协议通过关键字 protocol 定义，协议中可以定义属性、方法、下标、静态方法、构造方法等。具体格式如下：

```
protocol 协议名{
    var 属性名:数据类型{get set}
    static 属性名:数据类型{get set}
    init()
    func 方法名(参数名1:数据类型,……)->返回值类型
}
```

注： 实例属性与 static 属性的定义中可以省略 set 部分。

视频讲解

7.2.3 Swift 协议的使用

Swift 协议可以用于结构体、类、枚举的定义中，在结构体、类、枚举的名称后添加冒号与协议名，之后需要实现协议中定义的属性与方法。具体格式如下：

```
struct 结构体类型名:协议名{
    协议中的属性
    协议中的方法
    其他代码块
}
class 类名:协议名{
    协议中的属性
    协议中的方法
    其他代码块
}
enum 枚举类型名:协议名{
    协议中的属性
    协议中的方法
    其他代码块
}
```

例 7.4 Swift 协议的定义。

程序代码：

```
/**
 * 功能:Swift 协议的定义
```

```
 * 作者:罗良夫
 */
protocol VideoCard{
    var CoreArchitecture:String{get}
    var CoreProcess:String{get}
    var CoreFrequency:String{get set}
    var MemoryCapacity:String{get set}

    func display()
    static func graphicsAcceleration()
}
struct RTX40:VideoCard{
    var CoreArchitecture = "Ada Lovelace"
    var CoreProcess = "4nm"
    var CoreFrequency = "2230MHz"
    var MemoryCapacity = "12GB"

    func display(){
        print("Convert and drive the display information required by the computer system, and provide data signals to the display.")
    }
    static func graphicsAcceleration(){
        print("The key component of the graphics accelerator is the graphics accelerator chip, which solidifies some commonly used software for basic drawing functions and image processing functions into the chip. In this way, when these drawing functions are needed, the CPU does not need to calculate and call some drawing functions, but the accelerator chip directly executes them, thus greatly improving the drawing speed.")
    }
}
var NVIDIA_RTX_4090 = RTX40()
NVIDIA_RTX_4090.MemoryCapacity = "24GB"
print("RTX_4090 核心架构:\(NVIDIA_RTX_4090.CoreArchitecture)")
print("RTX_4090 核心制程:\(NVIDIA_RTX_4090.CoreProcess)")
print("RTX_4090 核心频率:\(NVIDIA_RTX_4090.CoreFrequency)")
print("RTX_4090 显存大小:\(NVIDIA_RTX_4090.MemoryCapacity)")
```

执行结果：

```
RTX_4090 核心架构:Ada Lovelace
RTX_4090 核心制程:4nm
RTX_4090 核心频率:2230MHz
RTX_4090 显存大小:24GB
```

7.2.4 Swift 协议的继承

视频讲解

Swift 支持协议的继承机制，协议定义的过程中可以继承其他协议，协议的使用过程中允许遵守多个协议。具体格式如下：

```
protocol 协议名1:协议名2,……{
    属性定义
    方法定义
}
```

协议使用中继承的语法格式：

```
struct/class/enum 类型名:协议名 1,协议名 2{
    协议中的属性
    协议中的方法
    自定义代码块
}
```

例 7.5 Swift 协议继承示例。

程序代码：

```
/**
 *功能:Swift 协议继承示例
 *作者:罗良夫
 */
protocol USB{
    var interfaceSize:String{get}
}
protocol Computer:USB{
    var brand:String{get set}
    var cpu:String{get set}
    var memory:String{get set}
    var hardDisk:String{get set}
    var price:Double{get set}
    func startUp()
    func shutdown()
}
struct ALIENWARE:Computer{
    var brand:String = ""
    var cpu:String = ""
    var memory = ""
    var hardDisk = ""
    var price:Double = 0.0
    var interfaceSize:String = "12×4.5mm"
    
    func startUp(){
        print("The computer motherboard sends a start signal to the power supply.")
        print("The power supply starts to supply power to the motherboard, hard disk, optical drive and other devices, and the computer starts to run.")
        print("The motherboard starts to initialize the startup program. The motherboard BIOS first checks whether all the hardware is connected normally and confirms that it is normal. Then the motherboard BIOS sends out a \"beep\" sound.")
        print("The CPU starts to read the stored information from the hard disk according to the predetermined program and loads it into the memory.")
    }
    func shutdown(){
        print("Close User Process.")
        print("Shut down system processes.")
        print("Turn off hardware.")
    }
    func showParam(){
        print("型号:\(brand)\n 中央处理器:\(cpu)\n 内存:\(memory)\n 硬盘:\(hardDisk)\n 价格:\(price)元")
    }
}
var ALWM15_R2978QB = ALIENWARE()
```

```
ALWM15_R2978QB.brand = "ALWM15_R2978QB"
ALWM15_R2978QB.cpu = "i9 - 12900H"
ALWM15_R2978QB.memory = "DDR5 64G"
ALWM15_R2978QB.hardDisk = "1TB"
ALWM15_R2978QB.price = 21999.0
ALWM15_R2978QB.startUp()
ALWM15_R2978QB.shutdown()
ALWM15_R2978QB.showParam()
```

执行结果：

The computer motherboard sends a start signal to the power supply.
The power supply starts to supply power to the motherboard, hard disk, optical drive and other devices, and the computer starts to run.
The motherboard starts to initialize the startup program. The motherboard BIOS first checks whether all the hardware is connected normally and confirms that it is normal. Then the motherboard BIOS sends out a "beep" sound.
The CPU starts to read the stored information from the hard disk according to the predetermined program and loads it into the memory.
Close User Process.
Shut down system processes.
Turn off hardware.
型号：ALWM15_R2978QB
中央处理器：i9 - 12900H
内存：DDR5 64G
硬盘：1TB
价格：21999.0 元

7.2.5 Swift 协议的类型

Swift 中协议可以作为一种数据类型，用作函数/方法的参数、函数/方法的返回值、常量、变量、属性、数组和字典的类型。

iOS 开发过程中经常使用协议实现代理功能。代理是一种设计模式，它允许结构体或类将自身负责的功能委托给其他类型的实例实现，多用于反向传值等。

例 7.6 Swift 代理。

程序代码：

```
/**
* 功能:Swift 代理
* 作者:罗良夫
*/
protocol LogDelegateProtocol{
    func recordLog()
}
class LogManager:LogDelegateProtocol{
    func recordLog(){
        print("记录日志……")
    }
}
class UserLogin{
    var logRecord:LogDelegateProtocol?
    
    func login(){
```

```
            print("登录验证……")
            logRecord?.recordLog()
        }
    }
    var admin = UserLogin()
    var logDelegate = LogManager()
    admin.logRecord = logDelegate
    admin.login()
```

执行结果：

登录验证……
记录日志……

7.3 Swift 扩展

7.3.1 Swift 扩展概述

Swift 扩展指为已有的结构体、类、枚举类型、协议添加新的功能,用关键字 extension 表示。Swift 扩展的特点如下：
- Swift 扩展中可以添加实例属性与静态属性；
- Swift 扩展中可以添加实例方法与静态方法；
- Swift 扩展中可以添加新的构造方法；
- Swift 扩展中可以添加下标；
- Swift 扩展中可以定义嵌套类型；
- Swift 扩展中可以定义遵守的协议；
- Swift 扩展不能重写已有功能；
- Swift 扩展中不能添加存储类属性。

7.3.2 Swift 扩展的声明

Swift 扩展通过关键字 extension 进行定义,只能对已存在的类型进行扩展。具体格式如下：

```
extension 类型名{
    语句块
}
```

注：类型名可以是结构体名、类名、枚举名、协议名。

7.3.3 Swift 扩展计算型属性

Swift 扩展可以向已有类型添加计算型实例属性与计算型静态属性,扩展中不能添加存储属性。

Swift 扩展计算型属性的语法格式：

```
extension 类型名{
    var 属性名{
        get{
```

```
            return 语句块
        }
        set(newValue){
            赋值语句块
        }
    }
}
```

例 7.7 Swift 扩展计算型属性。

程序代码：

```
/**
* 功能:Swift 扩展计算型属性
* 作者:罗良夫
*/
import UIKit
struct Thermometer{
    var centigrade:Double = 0.0
}
extension Thermometer{
    var fahrenheit:Double{
        get{
            return centigrade * 1.8 + 32
        }
    }
}
var the1 = Thermometer()
the1.centigrade = 33.5
var res = String(format: "今天的温度为摄氏度%.2f℃,华氏度%.2f℉.", the1.centigrade, the1.fahrenheit)
print(res)
```

执行结果：

今天的温度为摄氏度 33.50℃,华氏度 92.30℉.

7.3.4 Swift 扩展构造方法

Swift 可以在结构体、类、枚举、协议中扩展构造方法，Swift 对类只能扩展便利构造方法。Swift 构造方法扩展的语法格式：

视频讲解

```
extension 类型名{
    init(){
        语句块
    }
}
```

注：结构体扩展中不能包含无参构造方法；结构体中需要显式定义无参构造方法才能扩展带参构造方法；类的扩展中不能包含存储属性；类只能扩展便利构造方法，不能扩展指定构造方法。

例 7.8 Swift 扩展构造方法。

程序代码：

```
/**
* 功能:Swift 扩展构造方法
```

```
 * 作者:罗良夫
 */
    struct Student{
    var name:String = ""
    var age:Int = 0
    var major:String = ""
    init(){
    }
}
extension Student{
    init(name:String,age:Int,major:String){
        self.name = name
        self.age = age
        self.major = major
    }
}
var luo = Student(name:"罗良夫",age:37,major:"人工智能")
print("姓名:\(luo.name),年龄:\(luo.age),专业:\(luo.major).")
//类扩展构造方法
class Rectangle{
    var width:Int
    var height:Int
    init(){
        width = 0; height = 0
    }
    var perimeter:Int{
        get{
            return 2 * (width + height)
        }
    }
    var area:Double{
        get{
            return Double(width * height)
        }
    }
}
extension Rectangle{
    convenience init(width:Int,height:Int){
        self.init()
        self.width = width
        self.height = height
    }
}
var rect1 = Rectangle(width: 32, height: 28)
print("矩形周长 = \(rect1.perimeter)米,矩形面积 = \(rect1.area)米.")
```

执行结果:

姓名:罗良夫,年龄:37,专业:人工智能.
矩形周长 = 120 米,矩形面积 = 896.0 米.

7.3.5 Swift 扩展方法

Swift 可以对结构体、类、枚举、协议扩展方法。Swift 扩展只能新增方法,不能重写已有方法;只有类能够扩展 class 方法,协议中扩展方法后需要提供方法体。具体语法格式如下:

```
extension 类型名{
    方法定义
}
```

例 7.9 Swift 扩展方法。

程序代码：

```
/**
 * 功能:Swift扩展方法
 * 作者:罗良夫
 */
//扩展结构体方法
struct Bicycle{
    var brand:String
    var wheelSize:Int
    var frameMaterial:String
    func showInfo(){
        print("自行车品牌:\(brand),轮胎尺寸:\(wheelSize)寸,车架材质:\(frameMaterial).")
    }
}
extension Bicycle{
    //实例方法
    func variableSpeed(){
        print("前变速1/2/3档,后变速1/2/3/4/5/6/7档.")
    }
    //静态方法
    static func brake(){
        print("碟刹制动.")
    }
}
var bic1 = Bicycle(brand: "FRW", wheelSize: 26, frameMaterial: "碳纤维")
bic1.variableSpeed()
bic1.showInfo()
Bicycle.brake()
//扩展类方法
class Car{
    var brand:String = ""
    var engine:String = ""
    var chassis:String = ""
    var carBody:String?
    var electricalEquipment:String?
    func showCarParameters(){
        print("汽车品牌:\(brand),引擎型号:\(engine),底盘型号:\(chassis).")
    }
}
extension Car{
    //实例方法
    func ignition(){
        print("The working principle of the automobile starting system is that the battery provides the electric energy. Under the control of the ignition switch and the starting relay, the starter converts the electric energy into mechanical energy, driving the flywheel ring gear and crankshaft of the engine to rotate, so that the engine can enter the self running state.")
    }
    //静态方法
```

```
        static func acceleration(){
            print("In low gear, the small gear drives the big gear, so as to obtain a large rotating cluster to overcome the great driving resistance; In high gear, the big gear drives the small gear to obtain high speed and high driving speed; In reverse gear, the principle of the transmission direction of the single gear is the same, and the transmission direction of the double gear is positive and negative is used to realize the backward driving of the car when the engine is rotating in the forward direction.")
        }
        //类型方法
        class func carBrake(){
            print("It creates huge friction and converts the kinetic energy of the vehicle into heat energy. Braking, also known as braking, refers to the action of stopping locomotives, vehicles and other means of transport or machinery in operation and reducing speed.")
        }
}
var car = Car()
car.brand = "Konisike"
car.engine = "W16"
car.chassis = "029"
car.showCarParameters()
car.ignition()
Car.acceleration()
Car.carBrake()
```

执行结果：

前变速 1/2/3 档,后变速 1/2/3/4/5/6/7 档.
自行车品牌:FRW,轮胎尺寸:26 寸,车架材质:碳纤维.
碟刹制动.
汽车品牌:Konisike,引擎型号:W16,底盘型号:029.
The working principle of the automobile starting system is that the battery provides the electric energy. Under the control of the ignition switch and the starting relay, the starter converts the electric energy into mechanical energy, driving the flywheel ring gear and crankshaft of the engine to rotate, so that the engine can enter the self running state.
In low gear, the small gear drives the big gear, so as to obtain a large rotating cluster to overcome the great driving resistance; In high gear, the big gear drives the small gear to obtain high speed and high driving speed; In reverse gear, the principle of the transmission direction of the single gear is the same, and the transmission direction of the double gear is positive and negative is used to realize the backward driving of the car when the engine is rotating in the forward direction.
It creates huge friction and converts the kinetic energy of the vehicle into heat energy. Braking, also known as braking, refers to the action of stopping locomotives, vehicles and other means of transport or machinery in operation and reducing speed.

7.3.6 Swift 扩展下标

Swift 可以对结构体、类、枚举扩展下标。具体格式如下：

```
extension 类型名{
    subscript(参数名:数据类型)->返回值类型{
        get{
            语句块
            return 语句
        }
        set(标识符){
```

                赋值语句块
            }
        }
    }

例 7.10 Swift 扩展下标。

程序代码：

```
/**
* 功能:Swift 扩展下标
* 作者:罗良夫
*/
class MUDCG{
    var zxs = ["北京","天津","上海","重庆"]
    var cityName:String = ""
    var cityCode:String = ""
}
extension MUDCG{
    subscript(n:Int) -> String{
        get{
            return zxs[n - 1]
        }
    }
}
var city = MUDCG()
print("第 1 个直辖市是:\(city[1]).")
```

执行结果：

第 1 个直辖市是:北京市.

7.4 小结

  Swift 枚举是包含一组特定值的自定义数据类型,对应的关键字是 enum,枚举元素对应的关键字是 case。Swift 枚举中可以包含方法。Swift 枚举元素可以包含或不包含原始值,Swift 枚举原始值可以是整数类型、浮点数类型、字符类型、字符串类型。

  协议规定了实现某一特定功能所使用的属性与方法,Swift 中用关键字 Protocol 表示协议,协议中可以定义属性、方法、下标、静态方法、构造方法等。Swift 支持协议的继承机制,协议定义的过程中可以继承其他协议。协议的使用过程中允许遵守多个协议。

  Swift 扩展指为已有的结构体、类、枚举类型、协议添加新的功能。

习题

一、单选题

1. Swift 枚举中每个元素通过关键字(　　)定义。
  A. case   B. else   C. type   D. ones

2. Swift 类在实现协议中的初始化方法时通过(　　)关键字定义。
  A. init   B. class   C. define   D. required

3. Swift 不能对（　　）类型添加扩展。
   A. 结构体　　　　　B. 类　　　　　　　C. 枚举　　　　　　D. 文件
4. Swift 对原始值通过关键字（　　）进行访问。
   A. struct　　　　　B. access　　　　　C. rawValue　　　　D. file

二、填空题

1. Swift 枚举可以一行定义_____元素，也可以将多个元素写在一个 case 之后。
2. Swift 允许协议的使用过程中允许遵守_____协议。
3. Swift 可以向_____、_____、枚举、协议中扩展构造器。

三、简答题

1. Swift 原始值与关联值的区别是什么？
2. 简述 Swift 扩展方法的语法格式和 Swift 下标扩展的语法格式。

实训　枚举与协议的使用

1. 枚举的使用

```
enum Month {
    case January
    case February
    case March
    case April
    case May
    case June
    case July
    case August
    case September
    case October
    case November
    case December
}
var thisMonth = Month.March
print("当前月份:\(thisMonth)")
```

2. 协议的使用

```
protocol Person {
    var name: String { get set}
    var age: Int { get set}
}
struct Student: Person {
    var name : String
    var age : Int
    init(){
        name = ""
        age = 0
    }
}
var luo:Student = Student()
luo.name = "罗良夫"
luo.age = 38
print("name:\(luo.name),age = \(luo.age)")
```

第 8 章

Swift异常处理与泛型

8.1 Swift 异常处理

8.1.1 Swift 异常概述

Swift 可以对程序执行过程中产生的错误进行处理,即 Swift 异常处理机制,Swift 中的异常用 Error 协议进行定义,Error 协议表示可引发的错误值的类型。通过遵守 Error 协议的枚举可以自定义异常类型。在函数参数列表后添加关键字 throws 声明可抛出异常,在函数体中通过关键字 throw 抛出异常,通过 do-try-catch 结构处理异常。

系统提供了以下三种异常处理方法:
- 使用 do-try-catch 结构来捕获和处理异常,将异常映射为 optional 值,终止异常传递;
- 使用 try?来调用函数可以将异常映射为 optional 值;
- 使用 try!来强制终止异常的传递。

8.1.2 Swift 自定义异常

Swift 中一般使用 Error 协议定义异常枚举。Error 协议体中没有定义内容,用户自定义类型遵守 Error 协议后,就可以抛出和捕获异常。结构体、枚举、类可以遵守 Error 协议。

Swift 自定义异常:

```
enum 异常名:Error{
    case 异常 1
    ……
}
```

8.1.3 Swift 异常的抛出

Swift 中通过关键字 throw 抛出异常,异常的抛出操作一般发生在方法或函数中,为了使方法或函数能够抛出异常,需要在参数列表之后且在返回值定义之前添加关键字 throws。

方法或函数的定义中未添加关键字 throws 时,抛出的异常只能在方法或函数内部进行处理,使用 throw 抛出异常后,异常会被传给函数或方法的调用者进行捕获处理。

Swift 抛出异常的语法格式:

```
func 方法名/函数名(参数名1:数据类型,……)throws->返回值类型{
    if 条件表达式{
        throw 异常名
    }
}
```

注:计算属性不能定义异常抛出。

8.1.4 Swift 异常的捕获

Swift 使用 do-try-catch 结构进行异常的捕获和处理,将正常的程序语句放到 do 语句块中,将 try 放到可能抛出异常的方法或函数前,catch 语句块用于异常处理。调用可能抛出异常的方法或函数时,需要通过 try-catch 进行异常捕获,否则无法通过编译。

Swift 异常处理的语法格式:

```
do{
    语句块
    try 方法名/函数名(参数名1,……)
    ……
}catch 异常名1{
    处理1
}catch……
catch{
    处理n
}
```

注:一个 do-try-catch 结构可以包含一到多个异常处理的 catch 语句块;当抛出的异常与 catch 中的各命名异常都不匹配时,执行 catch 部分的语句。

例 8.1 Swift 异常处理示例。

程序代码:

```
/**
*功能:Swift 异常处理示例
*作者:罗良夫
*/
//异常枚举的定义
enum graduateError:Error{
    case creditError
    case band4ScoreError
}
//异常的抛出
struct Student{
    var name:String = ""
    var id:String = ""
    var credit:Int = 0
    var band4Score:Int = 0

    init(){}

    init(name:String,id:String,credit:Int,band4Score:Int){
        self.name = name
```

```
            self.id = id
            self.credit = credit
            self.band4Score = band4Score
        }

        func isGraduation()throws->Bool{
            if credit<150{
                throw graduateError.creditError
            }else if band4Score<425{
                throw graduateError.band4ScoreError
            }else{
                return true
            }
        }
    }
    //异常的捕获与处理
    class Graduate{
        func issueCertificate(){
            let stu = Student()
            do{
                try stu.isGraduation()
            }catch graduateError.creditError{
                print("学分不满150分,不能毕业!")
            }catch graduateError.band4ScoreError{
                print("英语四级成绩不满425分,不能毕业!")
            }catch{
                print("异常发生。")
            }
        }
    }
    var graduate1 = Graduate()
    graduate1.issueCertificate()
```

执行结果:

学分不满150分,不能毕业!

8.1.5　Swift 异常的处理方式

Swift 对抛出的异常有三种处理方式,分别是捕获处理异常、将异常映射成可选值、终止异常的传递。三种处理方式的特点如下。

捕获处理异常:异常抛出后通过关键字 try 传递异常,根据 catch 部分的匹配来处理异常。

将异常映射成可选值:通过在关键字 try 后面加"?"将异常映射成可选值,异常抛出时会返回 nil。

终止异常的传递:通过在关键字 try 后面加"!"终止异常的传递,当异常发生时会产生运行时错误。

8.1.6　Swift 延时执行语句

Swift 提供了延时执行语句块 defer,其中的代码在当前代码块结束之前执行,即使程序产生了异常，defer 中的代码也会正常执行。defer 代码块用于释放资源和文件等清理类的操作。

defer 的语法格式：

```
do{
    try 语句
}catch 异常{
    语句
}defer{
    语句
}
```

例 8.2 Swift 异常处理与 defer 的使用。

程序代码：

```
/**
 * 功能:Swift 异常处理与 defer 的使用
 * 作者:罗良夫
 */
enum infoError:Error{
    case LessZeroError
    case lenError
    case graduationError
}
struct Student{
    var age:Int
    var name:String
    var gender:String
    var graduation:Int = 0
    init(){
        age = 0
        name = ""
        gender = "男"
    }
    init(age:Int,name:String,gender:String){
        self.age = age
        self.name = name
        self.gender = gender
    }
    
    func verificationInfo()throws{
        if age < 0{
            throw infoError.LessZeroError
        }
        if name.count > 12{
            throw infoError.lenError
        }
    }
    func isGraduation()throws{
        if graduation != 0 || graduation != 1{
            throw infoError.graduationError
        }
    }
}
class StudentReg{
```

```
    func regStudent(){
        var stu = Student(age:-1,name:"罗良夫",gender: "男")
        do{
            try stu.verificationInfo()
            //终止异常的传递
            try! stu.isGraduation()
        }catch infoError.LessZeroError{
            print("年龄不能小于零.")
        }catch infoError.lenError{
            print("姓名长度不能超过12位.")
        }catch{
            print("其他错误.")
        }
        //defer语句
        defer {
            print("请同学们在中午12点来操场集合参加开学典礼!")
        }
    }
}
var stu = StudentReg()
stu.regStudent()
```

执行结果：

年龄不能小于零。
请同学们在中午12点来操场集合参加开学典礼!

8.2 Swift 泛型

8.2.1 Swift 泛型概述

Swift 泛型用于适用于多种数据类型的泛型函数、泛型类型、泛型约束，解决了功能相同、数据类型不同的方法产生的代码冗余问题，提高了代码的重用性与通用性。

泛型的本质是一个标识符，泛型的作用是作为占位符，在后续代码中可以使用泛型代表数据类型。Swift 标准库通过泛型代码进行构建，如 Swift 运算符、Swift 函数、Swift 数据类型、Swift 协议等。

8.2.2 Swift 泛型函数

视频讲解

Swift 泛型函数指在函数的定义过程中，对函数参数与返回值部分的数据类型用泛型代替，在函数调用的过程中再将泛型指定为一种具体的数据类型。

Swift 泛型函数定义的语法格式：

```
func 函数名<泛型1,泛型2,……>(参数名1:泛型,……){
    使用泛型的语句块
}
```

例 8.3 Swift 泛型函数示例。

程序代码：

```
/**
* 功能:Swift 泛型函数示例
```

```
 * 作者:罗良夫
 */
func swapNumbers<T>(numA:inout T,numB:inout T){
    let tmp = numA
    numA = numB
    numB = tmp
}
var n1 = 3.156 , n2 = 296.5
print("Before swap:n1 = \(n1),n2 = \(n2)")
swapNumbers(numA: &n1, numB: &n2)
print("After swap:n1 = \(n1),n2 = \(n2)")
var n3 = "world" , n4 = "hello"
print("Before swap:n3 = \(n3),n4 = \(n4)")
swapNumbers(numA: &n3, numB: &n4)
print("After swap:n3 = \(n3),n4 = \(n4)")
```

执行结果：

```
Before swap:n1 = 3.156,n2 = 296.5
After swap:n1 = 296.5,n2 = 3.156
Before swap:n3 = world,n4 = hello
After swap:n3 = hello,n4 = world
```

8.2.3　Swift 泛型类型

视频讲解

Swift 泛型类型指对自定义类型在定义过程中使用泛型，即在结构体、类、枚举定义的内部可以使用泛型进行成员的定义。

对扩展类型使用泛型时，不需要在扩展的定义中进行泛型定义，可以直接使用类型定义时指定的泛型标识符。

Swift 定义泛型类型的语法格式：

```
struct/class/enum 类型名{
    成员定义
}
```

Swift 定义扩展泛型类型的语法格式：

```
extension struct/class/enum 类型名{
    代码块
}
```

例 8.4　Swift 泛型类型示例。

程序代码：

```
/**
 * 功能:Swift 泛型类型示例
 * 作者:罗良夫
 */
//泛型结构体定义
struct Student<N>{
    var name:String
    var age:N
    var gender:String
    var credit:[N]?
```

```
            var grade:N
            func showInfo(){
                print("学生\(name)的年龄为\(age)岁,性别为\(gender),今年\(grade)年级.")
            }
        }
        extension Student{
            var firstCredit:N?{
                get{
                    return credit![0]
                }
            }
        }
        var stu1 = Student(name:"张三",age:19,gender:"女",credit:[20,25],grade:1)
        stu1.showInfo()
        print("第一年修的学分为:\(stu1.firstCredit!)分.")
        var stu2 = Student(name:"李四",age:20.2,gender:"男",credit:[25.5,30.0],grade:3)
        stu2.grade = 3
        stu2.showInfo()
```

执行结果：

学生张三的年龄为 19 岁,性别为女,今年 1 年级.
第一年修的学分为:20 分.
学生李四的年龄为 20.2 岁,性别为男,今年 3.0 年级.

8.2.4 Swift 泛型约束

Swift 在定义泛型的过程中,允许给泛型添加特定的约束,使类型参数必须继承自指定的类,或者使类型必须符合特定的协议或协议组合。

Swift 泛型约束分为三种类型：协议约束、继承约束、条件约束。由于篇幅所限,这里只介绍协议约束和继承约束。

1. Swift 协议约束

Swift 语法中可以对结构体、类、协议、函数中的泛型添加协议约束,使其必须遵循一个或多个协议,具体语法格式如下。

定义结构体协议约束的语法格式 1：

```
struct 结构体名<T:协议名 1,...> {
    语句块
}
```

定义结构体协议约束的语法格式 2：

```
struct 结构体名<T> where T:协议名 1,...{
    语句块
}
```

定义类协议约束的语法格式 1：

```
class 类名<T:协议名 1,...>:.{
    语句块
}
```

定义类协议约束的语法格式 2：

视频讲解

视频讲解

```
class 类名<T> where T:协议名1,...{
    语句块
}
```

定义函数协议约束的语法格式1:

```
func 函数名(T:协议名1,...)(参数名1,:T,...)->返回值{
    语句块
}
```

定义函数协议约束的语法格式2:

```
func 函数名(T)(参数名1,:T,...)->返回值 where T:协议名1,..{
    语句块
}
```

例8.5 协议约束示例。

程序代码:

```
/**
 * 功能:Swift 协议约束示例
 * 作者:罗良夫
 */
protocol TCPIP{
    func TCP()
    func IP()
}
class C_TCPIP:TCPIP{
    func TCP() {
        print("TCP 协议内容")
    }
    func IP(){
        print("IP 协议内容")
    }
}
//协议约束
struct NetworkCard<T> where T:TCPIP{
    var type:String
    func communication(pro:T){
        pro.TCP()
        pro.IP()
    }
}
let X710DA2 = NetworkCard<C_TCPIP>(type:"10000M")
let internetProtol = C_TCPIP()
print("X710DA2 的型号是:\(X710DA2.type)")
X710DA2.communication(pro:internetProtol)
```

执行结果:

```
X710DA2 的型号是:10000M
TCP 协议内容
IP 协议内容
```

2. Swift 继承约束

继承约束指泛型必须是某个类或其子类,可以对结构体、类、函数添加继承约束,具体语法格式如下。

定义结构体继承约束的语法格式 1：

```
struct 结构体名<T:类名1,...> {
    语句块
}
```

定义结构体继承约束的语法格式 2：

```
struct 结构体名<T> where T:类名1,...{
    语句块
}
```

定义类继承约束的语法格式 1：

```
class 类名<T:类名1,...>:.{
    语句块
}
```

定义类继承约束的语法格式 2：

```
class 类名<T> where T:类名1,..{
    语句块
}
```

定义函数继承约束的语法格式 1：

```
func 函数名(T:类名1,...)(参数名1,:T,...) ->返回值{
    语句块
}
```

定义函数继承约束的语法格式 2：

```
func 函数名(T)(参数名1,:T,...) ->返回值 where T:类名1,..{
    语句块
}
```

例 8.6 继承约束示例。

程序代码：

```
/**
 *功能:Swift继承约束示例
 *作者:罗良夫
 */
class Travel{
    func priceOfTicket(){
        print("默认报销票价100元!")
    }
}
class ByTrain:Travel{
    override func priceOfTicket(){
        print("火车票价为200元!")
    }
}
class ByAirplane:Travel{
    override func priceOfTicket(){
        print("飞机票价为600元!")
    }
```

```
}
//继承约束
func businessTrip< T >(way:T)where T:Travel{
    way.priceOfTicket()
}
var travel = Travel();var train = ByTrain()
var airplane = ByAirplane()
businessTrip(way:travel)
businessTrip(way:train);businessTrip(way:airplane)
```

执行结果:

默认报销票价 100 元!
火车票价为 200 元!
飞机票价为 600 元!

8.3 小结

Swift 中的异常用 Error 协议进行定义,Error 协议表示可引发的错误值的类型。Swift 中使用关键字 throw 抛出异常,使用 do-try-catch 结构进行异常的捕获处理。

Swift 泛型提升了代码的灵活性,Swift 中可以定义泛型函数、泛型类型、泛型约束。Swift 泛型函数指对函数参数与返回值部分的数据类型用泛型代替;Swift 泛型类型指对 Swift 结构体、类、枚举在定义过程中使用泛型;Swift 泛型约束指给泛型添加特定的限制,以提升程序的健壮性。

习题

一、单选题

1. Swift 中的异常用(　　)协议定义。
   A. Error　　　　　B. Exception　　　　C. Tread　　　　D. RunError
2. Swift 中(　　)执行块在当前代码块结束之前执行。
   A. defer　　　　　B. goto　　　　　　C. for　　　　　D. exception
3. Swift 中不能对(　　)类型添加协议约束。
   A. 结构体　　　　B. 类　　　　　　　C. 协议　　　　　D. 注释
4. Swift 通过(　　)关键字进行异常的捕获。
   A. loop　　　　　B. catch　　　　　　C. find　　　　　D. seek

二、填空题

1. Swift 中通过关键字_____抛出异常,为使方法能抛出异常,需要在参数列表之后添加关键字_____。
2. Swift 中可以对_____、_____、函数添加继承约束。

三、简答题

1. 简述 Swift 中自定义异常的语法格式。
2. 简述 Swift 泛型函数定义的语法格式。

实训　泛型的使用

```swift
func exchangeInt(_ a : inout Int, _ b : inout Int) {
    let temp = a
    a = b
    b = temp
}
var a = 3
var b = 5
exchangeInt(&a, &b)
print("a is \(a), b is \(b)")

func exchangeStr(_ a : inout String, _ b : inout String) {
    let temp = a
    a = b
    b = temp
}
var c = "Hello"
var d = "world"
print("\(c) \(d)")
exchangeStr(&c, &d)
print("\(c) \(d)")
print("a is \(a), b is \(b)")
print("c is \(c), d is \(d)")

func exchangeElement < T >( a : inout T, b : inout T){
    let temp = a
    a = b
    b = temp
}
exchangeElement(a: &a, b: &b)
exchangeElement(a: &c, b: &d)
print("a is \(a), b is \(b)")
print("c is \(c), d is \(d)")
```

下 篇

iOS 开发技术

第 9 章　iOS 开发简介
第 10 章　UIKit 常用可视化对象
第 11 章　DatePicker 和 TableView 对象
第 12 章　Switch、Slider 与 ImageView 对象
第 13 章　iOS 音频与视频

第 9 章

iOS开发简介

9.1 iOS 开发工具

iOS 应用需要在 macOS 平台下进行开发,可用的 IDE 没有像 Windows 系统那么多的选择,目前比较主流的 iOS 开发工具有以下两种。

1. Xcode

Xcode 是 Apple 公司自己推出的一款 IDE,是集编译器、调试器、连接器、汇编器、图标建立、模拟器等功能为一体的开发工具,具有统一的用户界面,编码、测试、调试等操作都在一个窗口内完成。Xcode 工作界面如图 9.1 所示。

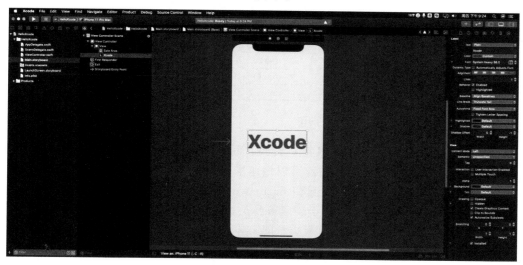

图 9.1 Xcode 工作界面

Xcode 能够编译 C、C++、Objective-C、Objective-C++、Fortran、Java、AppleScript、Python、Ruby 等多种语言,且编译速度较快,本书后续案例均在 Xcode 中运行。

2. AppCode

AppCode 是 JetBrains 公司开发的一款 IDE,是一款适用于 iOS/macOS 开发的智能编辑器,能较好地兼容 Xcode,无须额外配置即可与之互操作。AppCode 集成了 CocoaPods、Reveal 应用程序。AppCode 的标志如图 9.2 所示。

AppCode 的特点如下。

(1) 高效的项目导航：AppCode 可以立即跳转到项目中的任意文件、类或符号，使用层次和结构视图在项目结构中导航。

(2) 全面的代码分析：AppCode 可以持续监视代码质量，可以发出错误警告并给出建议来修复错误。

(3) 智能补全：AppCode 提供了两种类型的代码补全——实时输入补全与智能补全，其中智能补全可以实现精确筛选。

(4) 可靠的重构：AppCode 能够通过安全、精确和可靠的重构随时修改与优化已有代码。

图 9.2　AppCode

(5) 高效的单元测试：AppCode 原生支持 XCTest、Quick、Kiwi、Catch、Boost.Test 和 Google Test 等测试框架；用于获取单元测试方法的代码生成操作可以提高工作效率，使用 ⌘N 可根据上下文获取测试方法。

(6) 支持多种语言：AppCode 原生支持 Objective-C、Swift、C 和 C++(包括现代的 C++标准、libc++ 和 Boost)，以及 JavaScript、XML、HTML、CSS 和 XPath。

9.1.1　Xcode 与 macOS 的对应关系

Xcode 目前只能在 macOS 系统中使用，并且不同版本的 Xcode 需要在相应版本的 macOS 中才能安装使用。在开发 iOS 应用之前需要了解 Xcode 与 macOS 版本的对应关系，目前 Xcode 的发行版与 macOS 的对应关系如表 9.1 所示。

表 9.1　Xcode 与 macOS 的对应关系

序号	Xcode 版本	支持它的 macOS 版本	Swift 版本
1	Xcode 14.0	macOS 12.5+	Swift 5.7 (5.7.0.127.4)
2	Xcode 13.0	macOS 11.3+	Swift 5.5 (1300.0.31.1)
3	Xcode 12.0	macOS 10.15.4+	Swift 5.3 (1200.0.29.2)
4	Xcode 11.0	macOS 10.14.4+	Swift 5.1 (1100.0.270.13)

9.1.2　iOS 项目模板类型

Xcode 是以项目为单位对开发资源进行组织的。Xcode 是一款功能丰富的 IDE，为 iOS 应用开发提供了多种类型的项目模板，可以快速构建出各种类型的项目结构。

iOS 的项目模板分为 Application 和 Framework & Library 两类，如图 9.3 所示。

Application 类型的模板主要用于创建各种类型的应用，Framework & Library 类型的模板主要用于创建框架与库，每种模板类型的具体含义如表 9.2 所示。

表 9.2　iOS 项目模板类型及其含义

模板类型	模板名	含　义
Application	Single View App	构建简单的单个视图的应用
	Game	构建基于 iOS 的游戏的应用
	Augmented Reality App	构建增强现实类型的应用
	Document Based App	构建基于文档类的应用
	Master-Detail App	构建树形结构导航模式类的应用
	Tabbed App	构建标签导航模式类的应用
	Sticker Pack App	构建贴纸包式类的应用
	iMessage App	构建聊天类的应用

续表

模板类型	模板名	含义
Framework & Library	Framework	创建自定义的 iOS 框架
	Static Library	创建自定义的静态库
	Metal Library	创建自定义的 Metal 库（Metal 是兼顾图形与计算功能的一种面向底层、低开销的硬件加速应用程序接口）

图 9.3　iOS 项目模板

9.2　iOS 应用开发简介

9.2.1　iOS 应用的开发流程

本书主要介绍 iOS 应用开发的相关技术。iOS 应用的开发是一项复杂的工程，不同类型应用的项目结构有所不同，但从项目开发的角度来看，这些应用的基本开发流程相同，具体包括以下几个步骤。

（1）新建项目，选择项目工程模板类型。
（2）输入项目名称等基本信息。
（3）进行应用界面的设计与属性设置。
（4）将用户界面与后端代码进行关联。
（5）进行应用程序的编写。

9.2.2　Single View App 项目结构

本书内容侧重于常规 iOS 应用的开发，后续采用 Single View App 类型的模板进行开发。Single View App 类型的模板适合开发日常生活中常见的前后端交互型的应用，其项目结构如图 9.4 所示。

(1) AppDelegate.swift：应用程序委托文件，用于对 App 的整个生命周期进行管理，包含以下几个方法。

- application：didFinishLaunchingWithOptions：应用程序启动后的自定义覆盖点，当应用程序载入后自动执行此方法；
- application：configurationForConnecting：使用此方法可以选择用于创建新场景的配置，在创建新场景会话时自动调用此方法；
- application：didDiscardSceneSessions：使用此方法释放特定于放弃场景的任何资源，该方法没有返回值，当用户放弃场景会话时自动调用此方法。

图 9.4 Single View App 项目结构

(2) SceneDelegate.swift：场景代理文件，用来管理应用程序的多个场景，以及管理用户界面的生命周期，包含以下几个方法。

- scene：willConnectTo：使用此方法可以选择配置 UIWindow"window"并将其附加到提供的 UIWindowScene"scene"，当场景载入后自动执行此方法；
- sceneDidDisconnect：此行为发生在场景进入背景后不久，或当其会话被放弃时，当场景被系统释放时自动执行此方法；
- sceneDidBecomeActive：使用此方法可以重新启动场景处于非活动状态时暂停（或尚未启动）的任何任务，当场景从非活动状态转换到活动状态时调用此方法；
- sceneWillResignActive：当场景将从活动状态转换为非活动状态时调用，这可能是由于临时中断而发生的情况，如有电话打入的时候；
- sceneWillEnterForeground：当场景从背景转换到前景时调用此方法，可以撤销输入背景时所做的更改；
- sceneDidEnterBackground：在场景从前景过渡到背景时调用此方法，可以保存数据、释放共享资源或存储场景的状态信息；
- ViewController.swift：主控制器类文件，是应用程序数据和视图之间的重要桥梁，默认重载 viewDidLoad 方法，当主视图被加载之后调用此方法；
- Main.storyboard：故事板文件，用于对 App 的界面进行设计，可进行可视化元素对象的添加、属性设置、界面布局等操作，用于和 ViewController 进行关联；
- Assets.xcasset：资源目录，用来存放图像资源文件。

9.3 iOS 应用开发案例

9.3.1 第一个 iOS 应用

通过 Hello Xcode 项目的创建过程，介绍 iOS 应用开发的基础操作。该项目的需求如下：

- 创建一个单视图应用；
- 将用户界面的背景颜色修改成橙色；

- 用户界面中添加一个显示文本的可视化对象；
- 修改文本对象的字体内容、颜色、字体大小、字体效果；
- 设置文字可视化对象的大小、位置属性；
- 编写代码，当 App 运行后在控制台中显示个人信息。

具体操作步骤如下。

步骤 1：启动 Xcode 软件。

如图 9.5 所示，方法一是在访达的应用程序中找到 Xcode 图标，双击图标启动 Xcode 软件；方法二是在程序坞中单击 Xcode 图标启动应用程序。

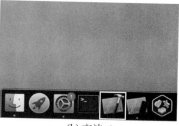

(a) 方法一　　　　　　　　　　　　　　(b) 方法二

图 9.5　启动 Xcode

步骤 2：选择创建方式。

第一次启动 Xcode 之后会显示欢迎界面窗口，窗口分为左右两个区域，如图 9.6 所示。

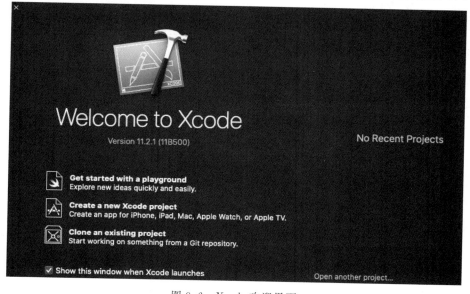

图 9.6　Xcode 欢迎界面

左边的区域中可以查看 Xcode 的版本号,主要用于选择创建项目的方式。第一种"Get started with a playground"用于创建 playground 类型的程序,主要用于学习语法或者快速测试第三方库;第二种"Create a new Xcode project"用于新建一个 iPhone、iPad、Mac、Apple Watch、Apple TV 类型的项目;第三种"Clone an existing project"用于从 Git 仓库中克隆一个项目。可以勾选底部的 Show this window when Xcode launches 复选框,来决定 Xcode 在此后启动时是否显示欢迎界面。

右边的区域用于显示最近打开的项目列表,双击列表中的项目名称即可启动项目,还可以单击底部的 Open another project 按钮,在弹出的路径对话框选择启动其他项目。

这里单击 Create a new Xcode project,创建一个新的项目。

步骤 3:创建 Single View App 类型的项目。

在 Choose a template for your new project 对话框中选择"iOS 平台",默认选中 Single View App 类型的模板,单击右下角的 Next 按钮,进入下一个向导界面,如图 9.7 所示。

图 9.7 创建 Single View App 类型项目

步骤 4:输入项目信息。

如图 9.8 所示,在 Choose options for your new project 对话框中输入项目的基本信息,在 Product Name 中输入项目名称"Hello Xcode";在 Team 中输入开发者的账号,这里接受默认值;在 Organization Name 中输入组织名称、团队名称、机构名称、开发者名称等,这里输入"XcodeStudy";在 Organization Identifier 输入组织标识、团队标识、机构标识、开发者标识等,类似于其他编程语言中的包名,这里输入"edu.XcodeStudy";在 Bundle Identifier 生成捆绑标识符,Xcode 会根据 Bundle Identifier 与 Product Name 自动生成标识符,在 AppStore 中上架应用时使用,需要保证全局唯一;在 Language 中设置编程语言,这里选择"Swift";在 User Interface 选择界面类型,这里选择"Storyboard";在 Use Core Data 复选框选择是否使用 Core Data 存储功能,以及是否使用 CloudKit,这里不勾选;在

Include Unit Tests 复选框选择是否使用单元测试；在 Include UI Tests 复选框选择是否使用用户界面测试。单击右下角的 Next 按钮进入下一个向导界面。

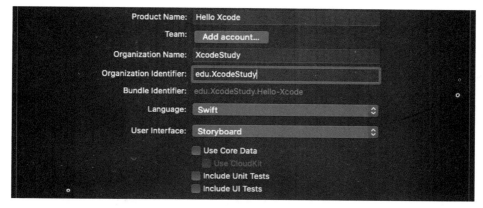

图 9.8　输入项目选项信息

步骤 5：设置项目保存信息。

在项目保存对话框中选择保存路径，Xcode 会使用项目名称在指定路径下创建一个文件夹。如图 9.9 所示，对话框左侧用于选择保存目录，这里选择"Desktop"（桌面）；对话框右侧列表区域显示当前目录下的所有文件夹和文件；单击左下角的 New Folder 按钮，在当前目录下新建文件夹；单击 Options 按钮，选择是否在本地 Mac 上创建 Git 仓库；单击右下角的 Create 按钮创建项目。

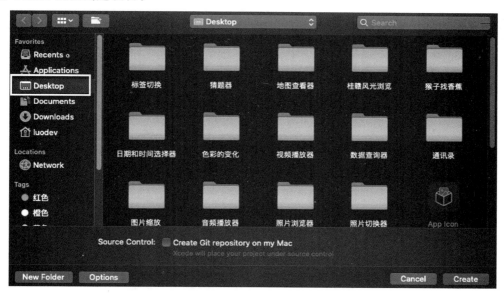

图 9.9　设置项目保存信息

步骤 6：设置应用窗口背景色。

进入 Xcode 窗口后首先显示 Targets 设置界面，一个 Xcdoe 项目可以创建多个 Target，管理着产品需要的文件和指令序列。Target 提供了一个完全独立的编译环境，能够灵活地编译工程代码，用于解决一个项目需要设置多个版本的场景，如开发版、测试版、发行版等。

一个项目可以包含多个 Target，一个 Target 对应一个 Product，Product 是一个 Target 编译后得到的 App 应用。

如图 9.10 所示，在 Xcode 窗口左侧导航区域中单击 Main.storyboard，进入可视化设计界面 Interface Builder。在 Document Outline 中单击 View 对象，选中视图界面，然后在右侧 inspector 区域单击第 5 个按钮，在 Attributes inspector 区域中，设置 Background 属性值为"System Orange Color"，将应用窗口的背景色设置为橙色。

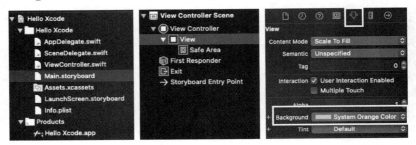

图 9.10　设置应用窗口的背景色

步骤 7：添加 Label（标签）对象。

iOS 应用的用户界面由多种元素组成，Xcode 提供了 Library，用来在 View 中添加可视化元素。

Xcode 开发的 iOS 应用可以在多种型号的 iPhone、iPad 上运行，设计应用的用户界面时可以通过底部的 View as 区域进行选择。单击 View as 按钮显示设备选择区域，这里选择 iPhone 11，如图 9.11 所示。

图 9.11　选择设备型号

在 Xcode 菜单栏中单击 View 菜单中的 Show Library 菜单项，显示 Library。在可视化对象列表中单击 Label，按住鼠标左键拖动至应用的窗口中，此时在 View 中显示 Label 字样的矩形框，矩形框周围出现 8 个空心矩形框，表示 Label 被选中，如图 9.12 所示。

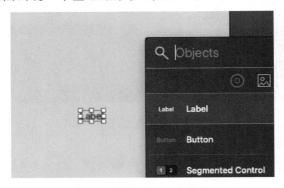

图 9.12　添加 Label 对象

步骤 8：设置 Label 对象的属性。

使 Label 处于被选中状态，在右侧 Attributes inspector 的 Text 文本框中设置内容为"Hello Xcode"，之后按 Enter 键，在应用界面中会立即更新 Label 中的内容。单击 Color 属性右侧的矩形框，在弹出的颜色列表框中单击 System Blue Color，设置 Label 的字体颜色；在 Aligment 属性中选择"Center"，使 Label 中的文本居中；单击 Font 属性框右侧的按钮 T，在 Font 属性中选择"System-System"，在 Style 中选择"Bold"，在 Size 中设置字体大小为"55"，然后单击右下角的 Done 按钮保存设置，如图 9.13 所示。

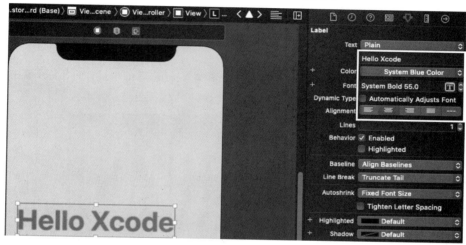

图 9.13　设置 Label 对象的属性

步骤 9：设置 Label 的 Size 属性。

单击右侧 Inspector 区域第 6 个图标，打开 Size inspector 设置面板。在 View 区域中将 X 属性的值改为 5，将 Y 属性的值改为 360，设置 Label 对象在屏幕中的位置；将 Width 属性的值改为 400，将 Height 属性的值改为 100，设置 Label 对象的宽度与高度，如图 9.14 所示。

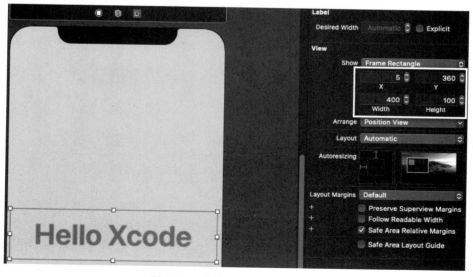

图 9.14　设置 Label 对象的布局

步骤10：编写 iOS 应用程序。

单击 Xcode 左侧 ViewController.swift 文件，在 ViewController 类的 viewDidLoad 方法中输入以下代码：

```
class ViewController: UIViewController {
    override func viewDidLoad() {
        super.viewDidLoad()
        let name = "罗良夫"
        let age = 37
        print("姓名:\(name),年龄:\(age)")
    }
}
```

步骤11：运行项目。

在 Xcode 工具栏中选择 iPhone 11 模拟器，选择 Xcode 菜单中的 Product，单击 Run 按钮，等程序编译成功后，启动 iPhone 模拟器并运行程序，如图9.15所示。

图 9.15　运行 iOS 项目

9.3.2　添加 iOS 应用的启动图标

为9.3.1节的项目 Hello Xcode 添加应用的启动图标，该项目的需求如下：
- 按照 Xcode 图标的标准生成应用图标文件；
- 将应用图标文件添加至资源目录 Assets.xcasset 中。

步骤1：生成 iOS 应用图标。

iOS 应用可以设置启动图标，也可以添加在 AppStore 上架时显示的图标。iOS 应用对图标的尺寸及命名有一定要求，常见 iOS 图标的大小有20像素、29像素、40像素、60像素4

类,每类图片可以设置为 1 倍、2 倍或 3 倍大小,对应的文件名格式分别为"文件名-像素值.png""文件名-像素值@2x.png""文件名-像素值@3x.png"。

iOS 应用的图标有两种生成方式,一种是使用在线方式生成,另一种是使用工具软件生成,具体操作步骤如下。

(1) 使用在线方式生成 iOS 应用图标

① 由于 App Store 要求图标分辨率为 1024×1024,制作 iOS 应用图标前需要准备一幅 1024×1024 的图像文件,格式为 JPEG 或 PNG;

② 在浏览器中打开图标生成网站,这里使用图标工厂网站,域名为 https://icon.wuruihong.com/,在本书出版时域名信息可能发生改变,如果发生改变,可以在搜索引擎中输入关键词"iOS App 图标在线生成"进行搜索;

③ 打开图标工厂页面之后,单击"单击这里上传"按钮,选择本地图片进行上传;

④ 在生成参数页面选择 iOS 平台,单击"开始生成"按钮,如图 9.16 所示;

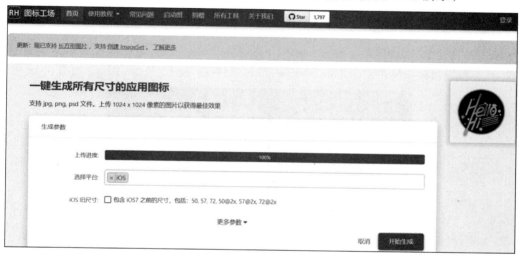

图 9.16 在线生成 iOS 应用图标

⑤ 图标成功生成后,单击网页中的"单击下载所有图标"按钮,选择保存路径之后下载图标。

(2) 使用工具软件生成 iOS 图标

① macOS 系统下有多款图标制作软件,这里使用 App Icon Generator 软件生成 iOS 应用图标;

② 双击图标 启动 App Icon Generator 软件;

③ 在软件窗口中单击 Drop Image 按钮,在弹出的对话框中选择准备好的本地图像文件;

④ 在 Choose your devices 列表框中选择生成图标对应的设备类型;

⑤ 勾选对话框左下角的 Export with scale suffix 复选框;

⑥ 单击 Export 按钮,选择图标文件的保存路径,单击 Open 按钮。

步骤 2:添加 iOS 应用图标。

启动 9.3.1 节中的项目 HelloXcode,在左侧导航面板中单击 Assets.xcasset,显示项目的资源目录；选中生成的iOS应用图标文件后，按住鼠标拖动至AppIcon对应尺寸的虚线方框中，如图9.17所示。

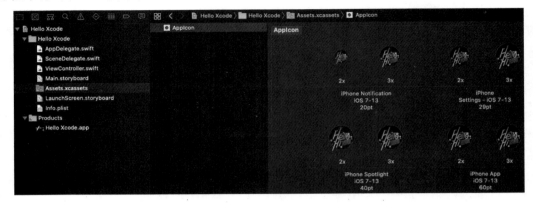

图 9.17 添加 AppIcon

步骤3：查看应用图标。

单击工具栏中的Build and then run the current scheme按钮，启动模拟器运行项目，项目运行后，在模拟器菜单栏中单击Hardware→Home菜单项，显示iPhone桌面，如图9.18所示。

图 9.18 查看应用图标

9.4 小结

iOS应用需要在macOS平台下进行开发，目前常用的iOS开发IDE有Xcode与AppCode两种，Xcode是由Apple公司开发的IDE，AppCode是由JetBrains公司开发的IDE。

iOS应用有多种类型，它们的开发流程类似，主要包括应用界面的设计、界面元素与代码的关联、代码的编写等步骤。Xcode中通过Interface Builder进行界面设计，通过Library添加可视化对象，通过Inspector区域设置属性，通过ViewController.swift文件编写程序代码。

习题

一、单选题

1. Apple公司自己推出的一款IDE名为（　　）。
   A. Office　　　　B. Xcode　　　　C. IDEA　　　　D. STS

2. Xcode 中图片等资源一般放在（　　）中。
   A. Image　　　　　B. icon　　　　　C. Assets.xcasset　　　　D. Folder

二、填空题

1. iOS 类型的项目模板分为_____和 Framework & Library 两类。
2. JetBrains 公司开发的一款 IDE 叫作_____。

三、简答题

1. 简述 iOS 应用的开发流程。
2. 简述 Single View App 项目的结构。

实训　Xcode 项目的创建

（1）创建一个 Single View App 类型的 iOS 项目，Product Name 设置为 HelloWorld，Language 设置为 Swift，保存位置设置为 Desktop。

（2）在项目导航区中选择 Main.storyboard 文件，此时会打开 Interface Builder。

（3）在实用工具区域的下半部分中找到对象库（Object Library），通过搜索栏找到 Label 控件。

（4）将 Label 控件拖动至 ViewController 视图上，双击 Label 将默认内容修改为 Hello World。调整好大小，单击 Label 放置到屏幕中央靠上的位置。

（5）选择 Label 下方的背景视图，在实用工具区域的上半部分找到 Attribute Inspect 标签，将 Background 设置为蓝色。

（6）选中 Label，同样是在 Attribute Inspect 中，将 Label 的 Font 设置为 50。此时会发现当初的 Label 尺寸不再能满足要求，可以直接使用鼠标调整其大小，设置 Label 的 Color 为白色，最后使其居中。

（7）单击运行按钮，构建并运行项目，在模拟器中查看效果。

第 10 章

UIKit 常用可视化对象

Xcode 中 iOS 应用的用户交互界面是在 Interface Builder 中进行设计,Interface Builder 简称 IB,是 macOS X 平台下用于设计和测试用户界面(GUI)的应用程序。当开发团队设计和编辑代码时,利用 Interface Builder 合理地划分项目,可以避免很多潜在的冲突。

在 Xcode 项目中打开 storyboard 类型的文件时启动 Interface Builder,通过添加各种可视化对象完成应用界面的设计。本章主要介绍 iOS 应用开发过程中常用的三种控件 Label、TextField、Button 对象的特性与使用方法。

10.1 Label 对象

10.1.1 Label 对象简介

iOS 应用中静态文本的显示一般使用 Label 对象,Label 对象也称标签对象,对应的类是 UILabel。标签可以包含任意数量的文本,对于超出长度的文本,UILabel 可能会收缩、换行或截断文本,具体取决于边界矩形的大小和设置的属性。

Label 中可以设置文本的字体、颜色、对齐方式、突出显示和阴影,Label 对象常用属性如表 10.1 所示。

表 10.1 Label 对象常用属性

序号	属性	含义
1	Text	显示文本
2	Color	文本颜色
3	Font	字体(包含字体类型、字体样式、字体大小)
4	Alignment	文本对齐方式
5	Lines	文本显示行数
6	Enabled	标签对象是否可用
7	Shadow	字体阴影效果
8	Tag	对象的 Tab 键序号
9	Alpha	文本透明度
10	Background	Label 对象背景色
11	Hidden	是否隐藏
12	x	Label 对象水平坐标

续表

序号	属性	含义
13	y	Label 对象垂直坐标
14	width	Label 对象宽度
15	height	Label 对象高度

10.1.2 用代码方式创建 Label 对象

Xcode 支持用代码的方式创建对象。使用 UILabel 类,可以在 iOS 应用的用户界面中创建 Label 对象,具体步骤如下:

① 打开 ViewController.swift 文件,定位到 ViewController 类的 viewDidLoad 方法;
② 创建 CGRect 对象,创建用于设置 Label 对象尺寸与大小的矩形对象;
③ 通过 UILabel 类的构造方法,以 CGRect 对象为参数创建 Label 对象;
④ 通过 Label 对象设置标签对象的属性;
⑤ 通过 self.view.addSubview()方法将标签对象添加到 iOS 应用的用户界面中。

步骤 1:在程序坞中单击启动 Xcode,选择 iOS 平台下的 Single View App 类型的模板。

步骤 2:在 Product Name 文本框中输入项目名称"CodeCreationLabel",项目保存路径设置为"Desktop",如图 10.1 所示。

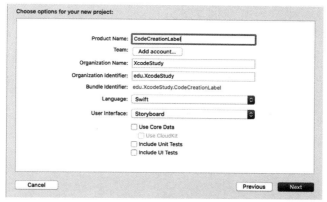

(a) 输入项目名称

(b) 设置项目保存路径

图 10.1 创建 CodeCreationLabel 项目

步骤 3：如图 10.2 所示，在导航栏左侧单击 ViewController.swift 打开文件，输入以下代码：

```swift
class ViewController: UIViewController {
    override func viewDidLoad() {
        super.viewDidLoad()
        let rect1 = CGRect(x: 50, y: 100, width: 300, height: 100)
        let titleLabel = UILabel(frame: rect1)
        titleLabel.text = "代码方式创建 Label"
        titleLabel.textColor = UIColor.blue
        titleLabel.font = UIFont.systemFont(ofSize: 30)
        titleLabel.textAlignment = NSTextAlignment.center
        titleLabel.backgroundColor = UIColor.orange
        self.view.addSubview(titleLabel)
        let rect2 = CGRect(x: 100, y: 160, width: 300, height: 500)
        let msgLabel = UILabel(frame: rect2)
        msgLabel.text = "姓名:罗良夫\n 年龄:37\n 职业:教师"
        msgLabel.textColor = UIColor.blue
        msgLabel.font = UIFont.systemFont(ofSize: 30)
        msgLabel.textAlignment = NSTextAlignment.left
        msgLabel.numberOfLines = 3
        self.view.addSubview(msgLabel)
    }
}
```

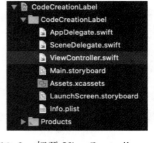

图 10.2 打开 ViewController.swift 文件

代码解析：通过 CGRect 构造方法得到一个矩形对象，通过 UILabel 构造方法得到一个标签对象，通过标签对象设置其文本、字体、背景色属性，通过 self.view.addSubview() 方法添加 UILabel 对象到用户界面中。

CGRect 是一个包含矩形的位置和尺寸的结构体类型，坐标原点位于左上角，矩形向右下角延伸。CGRect 结构体包含原点与尺寸信息，结构体定义如下：

```swift
public struct CGRect {
    public var origin: CGPoint
    public var size: CGSize
    public init()
    public init(origin: CGPoint, size: CGSize)
}
```

步骤 4：选择 iPhone 11 模拟器，单击 Build and then run the current scheme 按钮运行项目，如图 10.3 所示。

图 10.3 单击 Build and then run the current scheme 按钮

视频讲解

10.1.3 用 Interface Builder 方式创建 Label 对象

Xcode 中通过对象库添加 Label 对象，在 Inspector 中设置 Label 对象的属性，具体步骤如下。

步骤 1：在程序坞中单击启动 Xcode，选择 iOS 平台下的 Single View App 类型的模板。

图 10.4　Library 库

步骤 2：在 Product Name 文本框中输入项目名称"LabelCase"，项目保存路径设置为"Desktop"。

步骤 3：在项目左侧导航区域单击 Main.storyboard 文件，在工具栏中单击"＋"启动 Library 对象库，单击可视化对象列表中的 Label，按住鼠标左键拖动至屏幕中，如图 10.4 所示。

步骤 4：Interface Builder 中用户界面的默认缩放比例为 100%，可通过底部的 Current Zoom 区域修改显示比例，这里将缩放比例设置成 75%，如图 10.5 所示。

图 10.5　Current Zoom

步骤 5：在右侧 Inspector 区域中选择 Attributes inspector，将 Text 属性设置为"iOS 综合应用开发"，将 Color 属性设置为"System Orange Color"，将 Font 属性设置为"System Bold 55.0"，将 Alpha 属性设置为"0.8"，将 Background 属性设置为"System Blue Color"，如图 10.6 所示。

步骤 6：在右侧单击 Show the Size inspector，打开尺寸设置面板，修改 X 属性为"0"，修改 Y 属性为"100"，如图 10.7 所示。

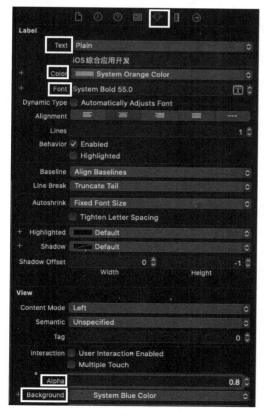

图 10.6　Attributes inspector(1)

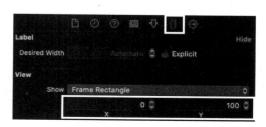

图 10.7　Size inspector(1)

步骤7：通过 Library 添加一个 Label 对象到 View 中，当 Interface Builder 中可视化对象较多时，在设备界面中往往不能直接选中可视化对象，此时可通过左侧的"文档大纲窗格"进行选择，这里在文档大纲窗格中单击 View Controller→View→Label，如图 10.8 所示。

步骤8：修改 Lines 属性为"5"，修改 Label 的 Text 属性为"对象：Label\n 字体：36\n 颜色：紫色\n 背景色：黄色\nLines：5"，修改 Color 属性为"System Purple Color"，修改 Font 属性为"System 36.0"，修改 Alignment 属性为"Center"，修改 Background 属性为"System Yellow Color"，如图 10.9 所示。

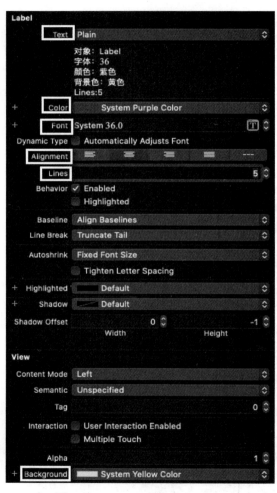

图 10.8　文档大纲窗格　　　　图 10.9　Attributes inspector(2)

步骤9：在 inspector 区域中选择 Size inspector，修改 X 属性的值为"0"，修改 Y 属性的值为"158"，修改 Width 属性的值为"415"，修改 Height 属性的值为"740"，如图 10.10 所示。

步骤10：选择 iPhone 11 模拟器，运行项目，如图 10.11 所示。

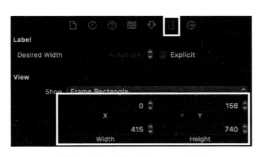
图 10.10　Size inspector(2)

图 10.11　Label 对象的使用

10.2　TextField 对象

10.2.1　TextField 对象简介

TextField 的作用是在用户界面中编辑文本，Xcode 中使用 TextField 对象接收用户的输入。TextField 显示为可包含可编辑文本的圆角矩形，TextField 也称文本域对象，对应的类是 UITextField。

UITextField 支持覆盖视图以显示其他信息，如书签图标。UITextField 还提供一个清晰的文本控件，用户可以单击该控件来删除文本字段的内容。TextField 对象可以设置显示文本、占位符、字体颜色、边框样式等，TextField 常用属性如表 10.2 所示。

表 10.2　TextField 对象常用属性

序　号	属　　性	含　　义
1	Text	默认显示文本
2	Color	文本颜色
3	Font	文本字体
4	Automatically Adjusts Font	根据文本长度自动调整字体大小
5	Placeholder	占位符
6	Background	背景图标/背景色
7	Border Style	边框样式
8	Clear Button	显示清除按钮
9	Min Font Size	最小字体
10	Keyboard Type	键盘类型
11	Secure Text Entry	安全输入形式
12	Alignment	水平对齐方式与垂直对齐方式
13	Enabled	TextField 是否可用

10.2.2 用代码方式创建 TextField 对象

TextField 对象对应的类是 UITextField,可以在 ViewController.swift 中生成 TextField 对象,具体步骤如下。

步骤 1:在程序坞中单击启动 Xcode,选择 iOS 平台下的 Single View App 类型的模板。

步骤 2:在 Product Name 文本框中输入项目名称"CodeCreationTextField",项目保存路径设置为"Desktop"。

步骤 3:单击 Xcode 窗口左侧导航栏中的 ViewController.swift 文件,在 ViewController 类中输入以下代码:

```swift
class ViewController: UIViewController {
    override func viewDidLoad() {
        super.viewDidLoad()
        let rectLab1 = CGRect(x:100,y:350,width:80,height:50)
        let rectLab2 = CGRect(x:100,y:410,width:80,height:50)
        let accountLabel = UILabel(frame:rectLab1)
        let passwordLabel = UILabel(frame:rectLab2)
        accountLabel.text = "账号:"
        passwordLabel.text = "密码:"
        accountLabel.textAlignment = NSTextAlignment.right
        passwordLabel.textAlignment = NSTextAlignment.right
        accountLabel.font = UIFont.systemFont(ofSize: 26)
        passwordLabel.font = UIFont.systemFont(ofSize: 26)
        self.view.addSubview(accountLabel)
        self.view.addSubview(passwordLabel)
        let rectText1 = CGRect(x:182,y:350,width:200,height:50)
        let rectText2 = CGRect(x:182,y:410,width:200,height:50)
        let accountTxt = UITextField(frame:rectText1)
        let passwordTxt = UITextField(frame:rectText2)
        accountTxt.placeholder = "请输入账号."
        passwordTxt.placeholder = "请输入密码."
        accountTxt.textColor = UIColor.blue
        passwordTxt.textColor = UIColor.blue
        accountTxt.adjustsFontSizeToFitWidth = true
        passwordTxt.adjustsFontSizeToFitWidth = true
        accountTxt.borderStyle = UITextField.BorderStyle.roundedRect
        passwordTxt.borderStyle = UITextField.BorderStyle.roundedRect
        accountTxt.clearButtonMode = UITextField.ViewMode.always
        passwordTxt.clearButtonMode = UITextField.ViewMode.always
        accountTxt.keyboardType = UIKeyboardType.default
        passwordTxt.keyboardType = UIKeyboardType.numberPad
        passwordTxt.isSecureTextEntry = true
        self.view.addSubview(accountTxt)
        self.view.addSubview(passwordTxt)
        accountTxt.becomeFirstResponder()
    }
}
```

代码解析:通过 CGRect 构造方法得到两个矩形对象,通过 UILabel 构造方法使用

CGRect 对象作为参数得到账号和密码标签对象,为账号和密码标签对象设置文本、字体属性并将它们添加到当前视图中。通过 CGRect 构造方法得到两个创建 TextField 对象的矩形,通过 UITextField 构造方法得到账号和密码文本域对象,为账号和密码文本域对象设置占位符、字体颜色、根据文本长度自动调整字体大小、边框样式、键盘类型等属性,将它们添加到当前视图中,通过 becomeFirstResponder()方法将账号文本域对象设置为初始响应对象。

10.2.3 Outlet

iOS 应用开发经常需要使用用户界面对象与后端程序进行关联,Swift 提供了 Outlet 对界面元素与代码建立 Connection。Outlet 是一种特殊的变量,建立 Connection 之后,Swift 自动创建一个@IBOutlet 类型的变量。关联之后可以使用 Outlet 变量获取界面元素的数据,也可以通过 Outlet 变量修改界面元素的值。

Xcode 中创建 Outlet 类型 Connection 的步骤如下。

步骤 1:在 Xcode 的 Editor 中单击 Assisant 菜单项,在 Interface Builder 中显示助手编辑器,助手编辑器左侧区域中显示关联的视图,右侧区域中显示视图关联的类文件,如图 10.12 所示。

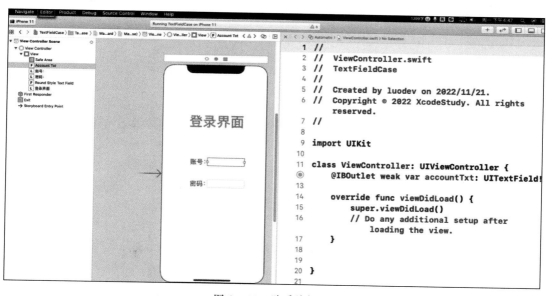

图 10.12　助手编辑器

步骤 2:在 Interface Builder 中右击选中对象,按住鼠标左键将其拖动至右侧合适的代码行位置。

步骤 3:在弹出的对话框中设置对应的属性值,Connection 属性选择"Outlet",Name 属性中输入 Outlet 名称,Type 属性选择 Outlet 变量的类型,Storage 属性选择存储类型,单击 Connect 按钮。

在 Interface Builder 中通过 Connections inspector 查看关联信息,其中 Referencing Outlets 表示 Outlet 类型的关联,如图 10.13 所示。

图 10.13 Connections inspector

10.2.4 用 Interface Builder 方式创建 TextField 对象

Xcode 在 Interface Builder 中添加 TextField 对象的具体操作步骤如下。

步骤 1：在程序坞中单击启动 Xcode，选择 iOS 平台下的 Single View App 类型的模板。

步骤 2：在 Product Name 文本框中输入项目名称"TextFieldCase"，项目保存路径设置为"Desktop"。

步骤 3：在项目左侧导航区域单击 Main.storyboard 文件，在工具栏中单击"+"启动 Library 对象库，单击可视化对象列表中的"Label"，按住鼠标左键拖动至屏幕中。

步骤 4：在 Attributes inspector 中设置 Label 对象的 Text 属性为"登录界面"，Color 属性为"System Orange Color"，Font 属性为"System Bold 55.0"，Alignment 属性为"Center"；在 Size inspector 中设置 Label 对象的 X 属性为"100"，Y 属性为"200"，Width 属性为"230"，Height 属性为"66"，如图 10.14 所示。

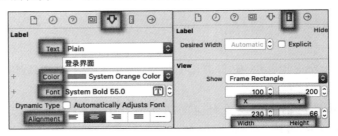

图 10.14 登录界面标签属性

步骤 5：通过 Library 对象库添加 1 个 Label 对象，在 Attributes inspector 中设置 Label 对象的 Text 属性为"账号："，Color 属性为"System Blue Color"，Font 属性为"System 26.0"，Alignment 属性为"Right"（右对齐）；在 Size inspector 中设置 X 属性为

"110",Y 属性为"380",Width 属性为"80",Height 属性为"34",如图 10.15 所示。

图 10.15　账号标签属性

步骤 6：通过 Library 对象库添加 1 个 Label 对象，在 Attributes inspector 中设置 Label 对象的 Text 属性为"密码：",Color 属性为"System Blue Color",Font 属性为"System 26.0",Alignment 属性为"Right"；在 Size inspector 中设置 X 属性为"110",Y 属性为"470",Width 属性为"80",Height 属性为"34",如图 10.16 所示。

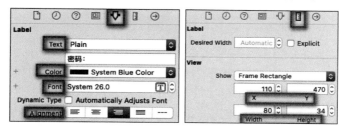

图 10.16　密码标签属性

步骤 7：通过 Library 对象库添加 1 个 Text Field 对象，在 Attributes inspector 中设置这个 Text Field 对象的 Font 属性为"System 26.0",Alignment 属性为"Left"(左对齐)；在 Size inspector 中设置 X 属性为"180",Y 属性为"380",Width 为"150",如图 10.17 所示。

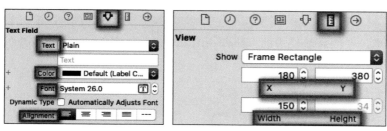

图 10.17　账号文本域属性

步骤 8：通过 Library 对象库添加 1 个 Text Field 对象，在 Attributes inspector 中设置这个 Text Field 对象的 Font 属性为"System 26.0",Alignment 属性为"Left"；在 Size inspector 中设置 X 属性为"180",Y 属性为"470",Width 属性为"150",如图 10.18 所示。

步骤 9：在 Interface Builder 的 Adjust Editor Options 中选择 Assistant,打开助手编辑器，如图 10.19 所示。

步骤 10：在账号文本域上右击,将其拖动到 ViewController 类中,在弹出的对话框中的 Name 文本框输入"accountTxt",如图 10.20 所示。

步骤 11：根据步骤 10 的操作方法,为密码文本域创建 Outlet,如图 10.21 所示。

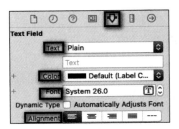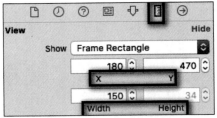

图 10.18　密码文本域属性

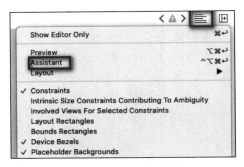

图 10.19　助手编辑器

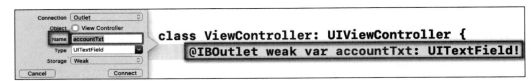

图 10.20　账号文本域 Outlet

```
class ViewController: UIViewController {
    @IBOutlet weak var accountTxt: UITextField!
    @IBOutlet weak var passwrodTxt: UITextField!
```

图 10.21　密码文本域 Outlet

步骤12：单击左侧导航栏中的 ViewController.swift 文件，在 viewDidLoad()方法中输入以下代码：

```
class ViewController: UIViewController {
    @IBOutlet weak var accountTxt: UITextField!
    @IBOutlet weak var passwordTxt: UITextField!

    override func viewDidLoad() {
        super.viewDidLoad()
        accountTxt.clearButtonMode = UITextField.ViewMode.whileEditing
        passwordTxt.clearButtonMode = UITextField.ViewMode.whileEditing
        passwordTxt.keyboardType = UIKeyboardType.numberPad
        passwordTxt.isSecureTextEntry = true
        accountTxt.becomeFirstResponder()
    }
}
```

代码解析：通过账号文本域的 Outlet 变量设置清除按钮模式，通过密码文本域模式 Outlet 变量设置清除按钮模式、键盘类型、加密文本输入，通过 becomeFirstResponder()将

accountTxt 文本域对象设置为初始响应对象。

Xcode 在默认情况下单击文本域后不显示虚拟键盘,可以通过在模拟器的 Hardware 菜单中单击 Keyboard→Toggle Software Keyboard 打开键盘,或者通过快捷键 Command+K 显示键盘。

10.3 Button 对象

10.3.1 Button 对象简介

Button 对象是一个按钮,用来接收用户的操作,向系统发送事件消息,完成交互行为。可以设置 Button 对象的标题、图像和其他外观属性。

Button 对象可以设置标题内容、标题字体、标题颜色、按钮图标、是否可用、背景色、是否隐藏,常用属性如表 10.3 所示。

Button 对象主要用于接收用户的指令,响应用户的操作,Swift 为 Button 对象定义了多个事件,用来识别 Button 对象上发生的各种动作,如表 10.4 所示。可以为 Button 对象添加 Action 类型的关联,实现 Button 对象与事件代码的关联。

表 10.3　Button 对象常用属性

序号	属性	含义
1	Title	按钮标题文本
2	Font	按钮标题字体
3	Text Color	字体颜色
4	Image	按钮图标
5	Alignment	对齐方式
6	Background	背景色
7	Enabled	是否可用
8	Hidden	是否隐藏
9	Tag	Tab 键的序号

表 10.4　Button 对象的事件

序号	事件	含义
1	Touch Up Inside	在按钮内单击,并在按钮内抬起的触摸事件
2	Touch Up Outside	在按钮内单击,并在按钮外抬起的触摸事件
3	Touch Cancel	取消按钮的当前触摸事件
4	Touch Drag Inside	在按钮区域内拖动时的触摸事件
5	Touch Drag Outside	在按钮区域外拖动时的触摸事件
6	Touch Drag Enter	从按钮外拖动到按钮内的触摸事件
7	Touch Drag Exit	从按钮内拖动到按钮外的触摸事件
8	Touch Down	在按钮内按下的触摸事件
8	Value Changed	按钮拖动导致的值改变的事件
9	Touch Down Repeat	按钮中的重复触按事件;对于此事件,UITouch tapCount 方法的值大于 1
10	Primary Action Triggered	当单击按钮的动作完成时才进行响应的事件

10.3.2 用代码方式创建 Button 对象

Button 对象对应的类是 UIButton 类,在 ViewController.swift 中创建 UIButton 对象的步骤如下。

步骤 1:在程序坞中单击启动 Xcode,选择 iOS 平台下的 Single View App 类型的模板。

步骤 2:在 Product Name 文本框中输入项目名称"CodeCreationButton",项目保存路径设置为"Desktop"。

步骤 3:单击 Xcode 窗口左侧导航栏中的 ViewController.swift 文件,在 ViewController 类中输入以下代码:

```swift
class ViewController: UIViewController {
    override func viewDidLoad() {
        super.viewDidLoad()
        let rectLab = CGRect(x: 50, y: 100, width: 300, height: 60)
        let msgLab = UILabel(frame:rectLab)
        msgLab.font = UIFont.systemFont(ofSize: 36)
        msgLab.textColor = UIColor.yellow
        msgLab.backgroundColor = UIColor.blue
        msgLab.textAlignment = NSTextAlignment.center
        msgLab.text = "Button对象示例"
        self.view.addSubview(msgLab)
        let rectButton = CGRect(x:150, y: 600, width: 80, height: 30)
        let btn = UIButton(frame:rectButton)
        btn.setTitle("单击",for:UIControl.State.normal)
        btn.titleLabel?.font = UIFont.systemFont(ofSize: 26)
        btn.setTitleColor(UIColor.red, for: UIControl.State.normal)
        btn.backgroundColor = UIColor.lightGray
        btn.addTarget(self, action:#selector(modifyLabel(_:)), for: UIControl.Event.touchUpInside)
        self.view.addSubview(btn)
    }
    @objc func modifyLabel(_ button:UIButton){
        if button.title(for: UIControl.State.normal) == "单击"{
            button.setTitle("被单击", for: UIControl.State.normal)
            button.setTitleColor(UIColor.orange, for: UIControl.State.normal)
            button.backgroundColor = UIColor.darkGray
        }else{
            button.setTitle("单击", for: UIControl.State.normal)
            button.setTitleColor(UIColor.red, for: UIControl.State.normal)
            button.backgroundColor = UIColor.lightGray
        }
    }
}
```

代码解析:创建 Label 对象并设置其属性,创建 UIButton 对象,设置按钮的标题、标题颜色、背景色,通过 addTarget()方法添加事件方法,通过 addSubview()方法将按钮添加到视图中。

10.3.3 Action 类型的关联

iOS 中界面元素与程序代码的关联有两种,一种是 Outlet 类型的关联,另一种是 Action 类型的关联。Outlet 用于获取界面元素的数据,Action 用于响应界面元素的事件动作。

Action 是一种特殊的函数,与界面元素的某一事件进行关联,当用户在指定对象上进行对应操作时,对象会向系统发送消息,从而调用对应的 Action 方法实现响应。

Xcode 中创建 Action 类型 Connection 的操作步骤如下。

步骤1：在 Xcode 的 Editor 中单击 Assisant 菜单项,在 Interface Builder 中显示助手编辑器,助手编辑器左侧区域中显示关联的视图,右侧区域中显示视图关联的类文件。

步骤2：在 Interface Builder 中右击对象,按住鼠标左键拖动至右侧合适代码行处。

步骤3：在弹出的对话框中设置对应的属性值,Connection 属性选择"Action",Name 属性中输入 Action 名称,Type 属性选择发起事件的对象类型,Event 属性选择事件类型,Argument 属性选择参数类型,单击 Connect 按钮。

10.3.4 用 Interface Builder 方式创建 Button 对象

视频讲解

Button 对应的类是 UIButton,Button 对象可接收用户触摸事件的 iOS 对象,通过 Interface Builder 方式创建 Button 对象的步骤如下。

步骤1：在程序坞中单击启动 Xcode,选择 iOS 平台下的 Single View App 类型的模板。

步骤2：在 Product Name 文本框中输入项目名称"ButtonCase",项目保存路径设置为"Desktop"。

步骤3：在项目左侧导航区域单击 Main.storyboard 文件,在工具栏中单击"＋"启动 Library 对象库,单击可视化对象列表中的 Label,按住鼠标左键拖动至屏幕中。

步骤4：在 Attributes inspector 中设置 Label 对象的 Font 属性为"System 22.0",Alignment 属性为"Left",Lines 属性为"0",使标签对象可以显示多行文本,设置 Background 属性为"Opaque Separator Color"；在 Size inspector 中设置 Label 对象的 X 属性为"0",Y 属性为"35",Width 属性为"415",Height 属性为"600",如图 10.22 所示。

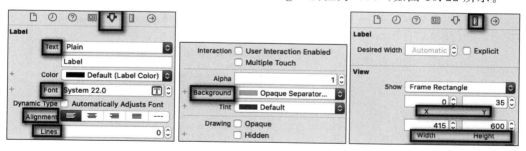

图 10.22　消息标签的属性

步骤5：在工具栏中单击"＋"启动 Library 对象库,单击可视化对象列表中的 TextField,按住鼠标左键拖动至屏幕中。

步骤6：在 Attributes inspector 中设置 TextField 对象的 Font 属性为"System 22.0",Alignment 属性为"Left",Placeholder 属性为"请输入消息。"；在 Size inspector 中设置 TextField 的 X 属性为"85",Y 属性为"690",Width 属性为"200",如图 10.23 所示。

步骤7：在工具栏中单击"＋"启动 Library 对象库,单击可视化对象列表中的"Button",按住鼠标左键拖动至屏幕中。

步骤8：在 Attributes inspector 中设置 Button 对象的 Title 属性为"发送",Font 属性为"System 22.0",Text Color 属性为"System Blue Color"；在 Size inspector 中设置 TextField 的 X 属性为"295",Y 属性为"690",Width 属性为"45",Height 属性为"40",如图 10.24 所示。

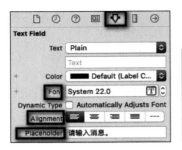
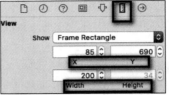

图 10.23 消息文本域属性

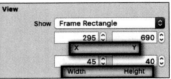

图 10.24 发送消息按钮属性

步骤 9：在 Interface Builder 的 Adjust Editor Options 中选择"Assistant"，打开助手编辑器，在 Label 对象上右击，拖动到 ViewController 类中，在弹出的 Connection 对话框中输入 Name 属性的值"msgList"，其他属性保持默认值。

步骤 10：按照步骤 9 的方法为消息文本域对象添加 Outlet 变量"msgInput"。

步骤 11：在 Button 对象上右击，拖动到 ViewController 类中，在弹出的 Connection 对话框中设置 Connection 属性为"Action"，Name 属性为"sendMsg"，Type 属性为"UIButton"，其他属性保持默认值，如图 10.25 所示。

图 10.25 设置 Outlet 与 Action

步骤 12：单击 Xcode 左侧导航区域中的 ViewController.swift 文件，在 viewDidLoad() 方法中输入以下代码：

```
override func viewDidLoad() {
    super.viewDidLoad()
    msgInput.clearButtonMode = UITextField.ViewMode.whileEditing
    msgInput.becomeFirstResponder()
    msgList.text = ""
}
```

代码解析：给消息文本域添加清除文本按钮，将消息文本域变为初始响应对象，将消息Label对象中的内容清空。

步骤13：在ViewController类中定义两个变量msgStr、num，分别用来保存消息内容与消息序号。

步骤14：在"发送消息"Button对象的Touch up inside事件中添加以下代码：

```
class ViewController: UIViewController {
    var msgStr:String?
    var num:Int = 1
    @IBOutlet weak var msgList: UILabel!
    @IBOutlet weak var msgInput: UITextField!
    @IBAction func sendMsg(_ sender: UIButton) {
        if let msg = msgStr{
            msgStr = msg + "\n" + "消息\(num):" + (msgInput.text ?? "")
        }else{
            msgStr = "消息\(num):" + (msgInput.text ?? "")
        }
        num += 1
        msgList.text = msgStr!
    }
}
```

代码解析：判断消息内容变量是否为nil，如果不为nil，则将之前的消息内容与当前消息文本域msgInput中的内容连接成新的消息内容，然后保存到msgStr中，否则将当前消息文本域中的内容msgInput保存到msgStr，然后将msgStr显示到消息标签msgList中。

步骤15：选择iPhone 11模拟器，运行项目，查看效果，如图10.26所示。

图10.26　运行效果

10.4 小结

iOS 应用由用户界面与程序代码组成，Xcode 中通过 Interface Builder 进行界面设计，在 Single View App 中打开 storyboard 类型的文件自动启动 Interface Builder。本章介绍了用户界面开发过程中常用的三种对象：Label 对象、TextField 对象、Button 对象。

Label 对象也称标签，用于静态文本的显示。Label 中可以设置文本的字体、颜色、对齐方式、突出显示和阴影等属性。Label 对象对应的类是 UILabel，可以在助手编辑器中为 Label 对象设置 Outlet 类型的连接。

TextField 对象也称文本域，用于接收用户的输入。TextField 中可以设置显示文本、占位符、字体颜色、边框样式等属性。TextField 对象对应的类是 UITextField，可以在助手编辑器中为 TextField 对象设置 Outlet 类型的连接。

Button 对象也称按钮，用于响应用户的触摸操作。Button 对象可以修改标题内容、标题字体、标题颜色、按钮图标、是否可用、背景色、是否隐藏等属性。Button 对象可以响应 Touch Up Inside、Touch Up Outside 等事件，可以在助手编辑器中为 Button 对象设置 Action 类型的连接。

习题

一、单选题

1. iOS 应用中使用（　　）对象显示静态文本。
   A. label　　　　B. text　　　　C. font　　　　D. size
2. TextField 对象中通过（　　）属性设置文本的对齐方式。
   A. Text　　　　B. Background　　　　C. Alignment　　　　D. Color
3. Swift 中使用（　　）与界面元素的某一事件进行 Connection。
   A. Outlet　　　　B. Trace　　　　C. Flink　　　　D. Action

二、填空题

1. 通过_____方法可以将标签对象添加到 iOS 应用的用户界面中。
2. Button 对象中单击事件对应的名称是_____。

三、简答题

1. 简述用代码方式创建 Label 对象的步骤。

实训　常用控件的使用

(1) 创建一个 Single View App 类型的 iOS 项目，Product Name 为"修改字体设置"。

(2) 选择 main.storyboard 文件，添加 1 个标签用来显示被修改内容，添加 3 个文本框用来输入修改内容，添加 3 个按钮用来进行修改。

(3) 通过助手编辑器在 ViewController.swift 文件中为标签和 3 个文本框分别添加 Outlet，为 3 个按钮分别添加 Action。

```
@IBOutlet weak var textLabel: UILabel!
@IBOutlet weak var contentTextField: UITextField!
@IBOutlet weak var colorTextField: UITextField!
@IBOutlet weak var sizeTextField: UITextField!
@IBAction func contentButton(_ sender: UIButton) {
    textLabel.text = contentTextField.text
    textLabel.sizeToFit()
}
@IBAction func colorButton(_ sender: UIButton) {
    if(colorTextField.text == "red" || colorTextField.text == "r" || colorTextField.text == "红色" || colorTextField.text == "红"){
        textLabel.textColor = UIColor.red
    }
}
@IBAction func sizeButton(_ sender: UIButton) {
    var csize:CGFloat = 0.0
    if let dsize = Double(sizeTextField.text!){
        csize = CGFloat(dsize)
    }
    textLabel.font = UIFont.systemFont(ofSize: csize, weight: UIFont.Weight.black)
    textLabel.sizeToFit()
}
```

（4）在 viewDidLoad() 方法中添加以下代码：

`contentTextField.becomeFirstResponder()`

（5）运行项目，查看最终效果。

第 11 章

DatePicker和TableView对象

11.1 DatePicker 对象

11.1.1 DatePicker 对象简介

iOS 应用中通过 DatePicker 进行日期和时间设置,DatePicker 对象提供了一个使用多个旋转控制盘的界面,允许用户选择日期和时间。日期选择器的示例是时钟应用程序的计时器和报警(设置报警)窗格。也可以使用 UIDatePicker 作为倒计时计时器。

DatePicker 对象对应的类是 UIDatePicker,可以设置显示模式、地区、时间间隔、日期等属性,DatePicker 对象常用属性如表 11.1 所示。

表 11.1 DatePicker 对象常用属性

序号	属性	含义
1	Mode	显示模式,默认显示日期与时间
2	Locale	地区,默认以英文显示
3	Interval	显示时间间隔
4	Date	当前日期和时间,默认显示当前日期
5	Enabled	是否可用
6	Background	背景色

视频讲解

11.1.2 用代码方式创建 DatePicker 对象

DatePicker 对象对应的类是 UIDatePicker,可以通过代码在 iOS 应用中创建 DatePicker 对象并修改其属性,具体步骤如下。

步骤 1:在程序坞中单击启动 Xcode,选择 iOS 平台下的 Single View App 类型的模板。

步骤 2:在 Product Name 文本框中输入项目名称"CodeCreationDatePicker",项目保存路径设置为"Desktop"。

步骤 3:单击 Xcode 窗口左侧导航栏中的 ViewController.swift 文件,在 ViewController 类中输入以下代码:

```
class ViewController: UIViewController {
    var lab:UILabel? = nil
    func initLabel()->UILabel{
```

```
            if lab == nil{
                let rect = CGRect(x:80, y: 600, width: 300, height: 50)
                let label = UILabel(frame:rect)
                label.font = UIFont.systemFont(ofSize: 26)
                self.view.addSubview(label)
                return label
            }else{
                return lab!
            }
        }
        override func viewDidLoad() {
            super.viewDidLoad()
            let point = CGPoint(x:160,y:200)
            let datepicker = UIDatePicker()
            datepicker.center = point
            datepicker.datePickerMode = UIDatePicker.Mode.dateAndTime
            datepicker.locale = NSLocale(localeIdentifier: "zh_CN") as Locale
            datepicker.date = Date()
            datepicker.addTarget(self, action: #selector(dateChanged(_:)), for: UIControl.Event.valueChanged)
            self.view.addSubview(datepicker)
        }
        @objc func dateChanged(_ datePicker:UIDatePicker){
            let dateFormater = DateFormatter()
            dateFormater.dateFormat = "yyyy-MM-dd HH:mm:ss"
            lab = initLabel()
            lab!.text = dateFormater.string(from:datePicker.date)
        }
    }
```

代码解析：在 ViewController 类中定义 UILabel 可选型的变量 lab，将 lab 初始化为 nil；定义初始化 Label 对象的方法 initLabel，initLabel 方法的功能是判断成员变量 lab 是否为 nil，lab 不为 nil 时返回 lab 对象，lab 为 nil 时定义一个 UILabel 对象并返回；在 viewDidLoad 方法中定义 DatePicker 对象，设置其 center、datePickerMode、locale、date 属性值，为 DatePicker 对象添加 UIControl.Event.valueChanged 事件对应的响应函数 dateChanged()，并将 DatePicker 对象添加到当前视图中；定义 dateChanged() 函数，将 DatePicker 对象的 Date 属性值显示到 Label 对象中。

11.1.3　DatePicker 对象实现日期显示功能

视频讲解

DatePicker 是用于显示或设置日期和时间的对象，界面包含一个可以滑动的卷轴，通过 Interface Builder 创建 DatePicker 对象的步骤如下。

步骤 1：在程序坞中单击启动 Xcode，选择 iOS 平台下的 Single View App 类型的模板。

步骤 2：在 Product Name 中输入项目名称"DatePickerCase"，项目保存路径设置为"Desktop"。

步骤 3：在项目左侧导航区域单击 Main.storyboard 文件，在工具栏中单击"＋"启动 Library 对象库，单击可视化对象列表中的 Label，按住鼠标左键拖动至屏幕中。

步骤 4：在 Attributes inspector 中设置 Label 对象的 Text 属性为"日期选择器"，Color 属性为"System Orange Color"，Font 属性为"System Bold 60.0"，Alignment 属性为

"Center"，Background 属性为"Link Color"；在 Size inspector 中设置 X 属性为"0"，Y 属性为"50"，Width 属性为"420"，Height 属性为"60"，如图 11.1 所示。

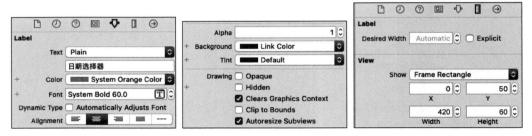

图 11.1　标题 Label 对象的属性

步骤 5：在 Library 对象库中选中 Date Picker，按住鼠标左键拖动至屏幕中。

步骤 6：在 Attributes inspector 中设置 Date Picker 的 Mode 属性为"Date"，Locale 属性为"Chinese, Simplified(China mainland)"，Date 属性为"Custom"，Minimum Date 属性为"2022/1/1"，Maximum Date 属性为"2050/12/31"；在 Size inspector 中修改 X 属性为"0"，Y 属性为"200"，Width 属性为"414"，Height 为"216"，如图 11.2 所示。

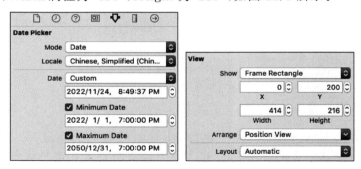

图 11.2　DatePicker 对象的属性

步骤 7：在 Library 对象库中添加一个 Label 对象，在 Attributes inspector 中设置 Font 属性为"System 26.0"，Alignment 属性为"Center"；在 Size inspector 中修改 X 属性为"70"，Y 属性为"450"，Width 属性为"100"，Height 属性为"32"，如图 11.3 所示。

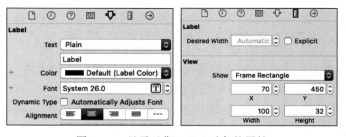

图 11.3　显示日期 Label 对象的属性

步骤 8：在 Library 对象库中添加三个 Label 对象，在视图中按住鼠标左键拖动选择框选中三个 Label 对象，在 Attributes inspector 中分别设置其 Text 属性为"年："""月：""日："，设置三个 Label 对象的 Color 属性为"System Blue Color"，设置三个 Label 对象的 Font 属性为"System 22.0"，修改三个 Label 对象的 Alignment 属性为"Right"，如图 11.4 所示。

步骤9：在 Size inspector 中修改"年："Label 对象的 X 属性为"99"，Y 属性为"534"，Width 属性为"45"，Height 属性为"27"；修改"月："Label 对象的 X 属性为"99"，Y 属性为"594"，Width 属性为"45"，Height 属性为"27"；修改"日："Label 对象的 X 属性为"99"，Y 属性为"657"，Width 属性为"45"，Height 属性为"27"，如图11.5所示。

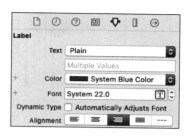

图11.4　年、月、日三个 Label 对象的 Attributes 属性

步骤10：在 Library 对象库中添加三个 Text Field 对象，按住 Shift 键选中这三个 Text Field 对象，在 Attributes inspector 中修改其 Color 属性为"System Orange Color"，Font 属性为"System 22.0"，如图11.6所示。

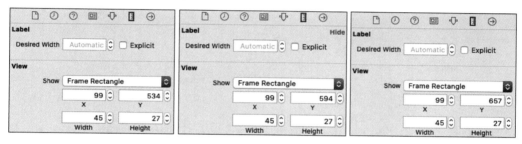

图11.5　年、月、日三个 Label 对象的 Size 属性

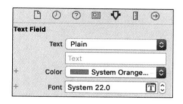

图11.6　年、月、日三个文本域对象的 Attributes 属性

步骤11：选中第一个 Text Field 对象，在 Size inspector 中修改其 X 属性为"145"，Y 属性为"530"，Width 属性为"97"；选中第二个 Text Field 对象，修改其 X 属性为"145"，Y 属性为"587"，Width 属性为"97"；选中第三个 Text Field 对象，修改其 X 属性为"145"，Y 属性为"653"，Width 属性为"97"，如图11.7所示。

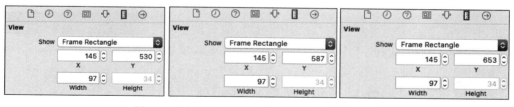

图11.7　年、月、日三个文本域对象的 Size 属性

步骤12：在 Library 对象库中添加一个 Button 对象，修改其 Title 属性为"修改"，Font 属性为"System 26.0"；在 Size inspector 中修改其 X 属性为"295"，Y 属性为"585"，Width 属性为"55"，Height 属性为"45"。

步骤13：在 Interface Builder 的 Adjust Editor Options 中选择"Assistant"，打开助手编辑器，对"DatePicker 对象"Label、"年："Label、"月："Label、"日："Label 设置对象 Outlet 变量；为 DatePicker 对象的 valueChanged 事件设置 Action，如图11.8所示。

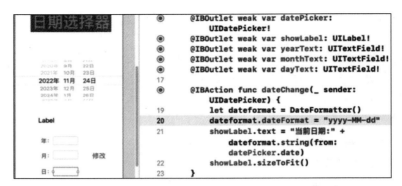

图 11.8　Outlet 与 Action

步骤 14：在 Xcode 窗口左侧单击 ViewController.swift 文件，在 DatePicker 的 Action 方法中输入以下代码：

```
@IBAction func dateChanged(_ sender: UIDatePicker) {
    let dateformat = DateFormatter()
    dateformat.dateFormat = "yyyy-MM-dd"
    showLabel.text = "当前日期:" + dateformat.string(from: datePicker.date)
    showLabel.sizeToFit()
}
```

代码解析：创建 DateFormatter 日期格式对象，设置日期格式为"yyyy-MM-dd"，修改显示日期 Label 对象的值为 DatePicker 对象中的日期。

步骤 15：在 ViewController.swift 文件中的"修改"按钮的 Action 方法中输入以下代码：

```
@IBAction func modifyDatePicker(_ sender: UIButton) {
    let year = yearText.text ?? ""
    let month = monthText.text ?? ""
    let day = dayText.text ?? ""
    let date = year + "-" + month + "-" + day
    let dateFormat = DateFormatter()
    dateFormat.dateFormat = "yyyy-MM-dd"
    datePicker.date = dateFormat.date(from: date) ?? Date()
}
```

代码解析：定义常量"年""月""日"，用它们组成日期字符串，修改日期格式为"yyyy-MM-dd"，修改 DatePicker 对象的 Date 属性。

步骤 16：在 ViewController.swift 文件的 viewDidLoad()方法中输入以下代码：

```
override func viewDidLoad() {
    super.viewDidLoad()
    showLabel.text = ""
}
```

代码解析：将显示日期的 Label 对象的 text 属性清空。

步骤 17：选择 iPhone 11 模拟器，运行项目查看效果，如图 11.9 所示。

图 11.9　运行效果

11.1.4 AlertController 对话框

UIAlertController 是一种向用户显示警告消息的对象，其中包含要显示的消息和 Action 按钮，可以为 AlertController 对象设置 Alert 与 ActionSheet 样式，使用所需的 Action 和样式配置 UIAlertController 后，使用 present()方法显示。UIKit 在应用程序的内容上动态显示警报和操作表。

除了向用户显示消息之外，还可以将 Action 与 AlertController 关联起来，以便为用户提供响应的方式。对于使用 addAction(_:)方法添加的每个 Action，警报控制器将配置一个包含详细操作信息的按钮，当用户单击该按钮时，AlertController 执行创建 Action 对象时提供的响应代码。

1. 创建弹出式 AlertController 的步骤

步骤1：在程序坞中单击启动 Xcode，选择 iOS 平台下的 Single View App 类型的模板。

步骤2：在 Product Name 文本框中输入项目名称"AlertControllerCase"，项目保存路径设置为"Desktop"。

步骤3：单击 Xcode 窗口左侧导航栏中的 ViewController.swift 文件，在 ViewController 类中输入以下代码：

```swift
class ViewController: UIViewController {
    override func viewDidLoad() {
        super.viewDidLoad()
        let rectBtn = CGRect(x: 100, y: 380, width: 200, height: 30)
        let btn = UIButton(frame:rectBtn)
        btn.setTitle("弹出式对话框", for: UIControl.State.normal)
        btn.titleLabel?.font = UIFont.systemFont(ofSize: 30)
        btn.setTitleColor(UIColor.blue, for: UIControl.State.normal)
        btn.addTarget(self, action: #selector(altStyle(_:)), for: UIControl.Event.touchUpInside)
        self.view.addSubview(btn)
    }
    @objc func altStyle(_ button:UIButton){
        let alt = UIAlertController(title:"Alert 样式", message:"Hello Alert", preferredStyle: UIAlertController.Style.alert)
        let cancelAction = UIAlertAction(title:"取消",style:UIAlertAction.Style.cancel){
            (pra) -> Void in
                print("取消按钮被单击。")
        }
        let defaultAction = UIAlertAction(title:"确认",style:UIAlertAction.Style.default){
            (pra) -> Void in
                print("确认按钮被单击。")
        }
        let destructiveAction = UIAlertAction(title:"删除", style: UIAlertAction.Style.destructive){
            (pra) -> Void in
                print("删除按钮被单击。")
        }
        alt.addAction(cancelAction)
        alt.addAction(defaultAction)
        alt.addAction(destructiveAction)
        self.present(alt,animated:true,completion:nil)
    }
}
```

代码解析：在 viewDidLoad()方法中创建 Button 对象，并为 Button 对象设置单击事件方法，在该方法中设置弹出式警告对话框，并添加取消、确认、删除按钮。

步骤4：选择 iPhone 11 模拟器，运行项目查看效果，如图11.10所示。

2. 创建滑动式 AlertController 的步骤

步骤1：在程序坞中单击启动 Xcode，选择 iOS 平台下的 Single View App 类型的模板。

图 11.10　弹出式 AlertController

步骤2：在 Product Name 文本框中输入项目名称"CodeCreationActionSheet"，项目保存路径设置为"Desktop"。

步骤3：单击 Xcode 窗口左侧导航栏中的 ViewController.swift 文件，在 ViewController 类中输入以下代码：

```
class ViewController: UIViewController {
    override func viewDidLoad() {
        super.viewDidLoad()
        let rectBtn = CGRect(x: 100, y: 380, width: 200, height: 30)
        let btn = UIButton(frame:rectBtn)
        btn.setTitle("滑动式对话框", for: UIControl.State.normal)
        btn.titleLabel?.font = UIFont.systemFont(ofSize: 30)
        btn.setTitleColor(UIColor.blue, for: UIControl.State.normal)
        btn.addTarget(self, action: #selector(altStyle(_:)), for: UIControl.Event.touchUpInside)
        self.view.addSubview(btn)
    }
    @objc func altStyle(_ button:UIButton){
        let alt = UIAlertController(title:"ActionSheet 样式", message:"Hello ActionSheet",preferredStyle: UIAlertController.Style.actionSheet)
        let cancelAction = UIAlertAction(title:"取消",style:UIAlertAction.Style.cancel){
            (pra) -> Void in
                print("取消按钮被单击。")
        }
        let defaultAction = UIAlertAction(title:"确认", style: UIAlertAction.Style.default){
            (pra) -> Void in
                print("确认按钮被单击。")
        }
        let destructiveAction = UIAlertAction(title:"删除",style:UIAlertAction.Style.destructive){
            (pra) -> Void in
                print("删除按钮被单击.")
        }
        alt.addAction(cancelAction)
        alt.addAction(defaultAction)
        alt.addAction(destructiveAction)
        self.present(alt,animated:true,completion:nil)
    }
}
```

代码解析：在 viewDidLoad()方法中创建 Button 对象，并为 Button 对象设置单击事件方法，在该方法中设置滑动式警告对话框，并添加取消、确认、删除按钮。

步骤4：选择iPhone 11模拟器，运行项目查看效果，如图11.11所示。

图 11.11 滑动式 AlertController

11.1.5 Timer（计时器）

Timer是一种计时器对象，在经过一定时间间隔后启动，向目标对象发送指定的消息，到时间之后可以触发事件，可以周期性地执行某个功能，也可以只执行一次某个功能。

Timer与RunLoop一起工作，RunLoop是一个对象，管理着其需要处理的事件和消息，并提供一个入口函数来执行Event Loop的逻辑，用于计划工作和协调接收传入的事件。一般情况下，一个线程一次只能执行一个任务，执行完成后线程会退出。如果需要让线程能随时处理事件且并不退出，就需要使用循环来处理，通常的代码逻辑如下。

Event Loop 模型：

```
function loop() {
    initialize();
    do {
        var message = get_next_message();
        process_message(message);
    } while (message != quit);
}
```

Timer对象可以使用scheduledTimer()与init()方法来创建，使用invalidate()方法来停止。Timer对象的使用步骤如下。

步骤1：在程序坞中单击启动Xcode，选择iOS平台下的Single View App类型的模板。

步骤2：在Product Name文本框中输入项目名称"TimerCase"，项目保存路径设置为"Desktop"。

步骤3：在项目左侧导航区域单击Main.storyboard文件，在工具栏中单击"+"启动Library对象库，单击可视化对象列表中的Label，按住鼠标左键拖动至屏幕中。

步骤4：在Attributes inspector中设置Label对象的Text属性为"请输入倒计时时间"，Color属性为"System Purple Color"，Font属性为"System 36.0"，Alignment属性为"Center"，Background属性为"System Yellow Color"，如图11.12所示。

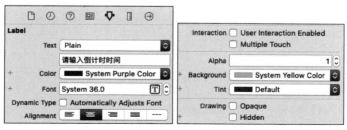

图 11.12 Label 对象的 Attributes 属性

步骤5：在 Size inspector 中设置 X 属性为"0"，Y 属性为"160"，Width 属性为"415"，Height 属性为"60"，如图 11.13 所示。

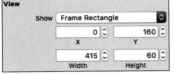

图 11.13　Label 对象的 Size 属性

步骤6：在 Library 库中添加 Text Field 对象，在 Attributes inspector 中设置其 Font 属性为"System 26.0"，Alignment 属性为"Right"；在 Size inspector 中设置 X 属性为"110"，Y 属性为"530"，Width 属性为"100"，如图 11.14 所示。

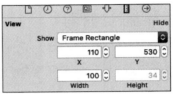

图 11.14　文本域对象属性

步骤7：在 Library 库中添加 Button 对象，在 Attributes inspector 中设置其 Font 属性为"System 22.0"，Title 属性为"倒计时"；在 Size inspector 中设置 X 属性为"229"，Y 属性为"525"，Width 属性为"75"，Height 属性为"45"，如图 11.15 所示。

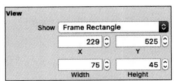

图 11.15　Button 对象属性

步骤8：在助手编辑器中为 Label 对象、TextField 对象设置 Outlet 对象，为 Button 对象设置 Action 方法，如图 11.16 所示。

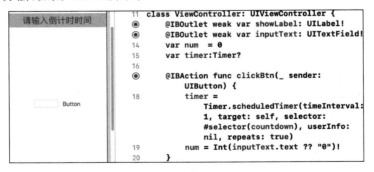

图 11.16　Outlet 与 Action

步骤9：在左侧导航栏中单击打开 ViewController.swift 文件，在 ViewController 类中输入以下代码：

```
class ViewController: UIViewController {
    @IBOutlet weak var showLabel: UILabel!
```

```
    @IBOutlet weak var inputText: UITextField!
    var num    = 0
    var timer:Timer?
    @IBAction func clickBtn(_ sender: UIButton) {
        timer = Timer.scheduledTimer(timeInterval: 1, target: self, selector: #selector(countdown), userInfo: nil, repeats: true)
        num = Int(inputText.text ?? "0")!
        inputText.text = ""
    }
    @objc func countdown(){
        if num == 0{
            timer!.invalidate()
            showLabel.text = "请输入倒计时时间(秒)"
        }else{
            num -= 1
            showLabel.text = "倒计时还剩\(num)秒"
        }
    }
    override func viewDidLoad() {
        super.viewDidLoad()
    }
}
```

代码解析：在 ViewController 类中创建倒计时时间变量 num 与计时器变量 timer，在按钮单击事件中创建 Timer 对象，并对 Timer 对象添加周期性执行方法 countdown()，countdown()方法根据倒计时时间变量 num 的值显示倒计时时间或停止倒计时。

步骤 10：选择 iPhone 11 模拟器，运行项目查看效果，如图 11.17 所示。

图 11.17　运行效果

11.1.6 DatePicker 对象实现倒计时功能

DatePicker 对象不仅可以用于显示日期和时间,还可以用来倒计时,具体步骤如下。

步骤 1:在程序坞中单击启动 Xcode,选择 iOS 平台下的 Single View App 类型的模板。

步骤 2:在 Product Name 文本框中输入项目名称"Countdown",项目保存路径设置为"Desktop"。

步骤 3:在项目左侧导航区域单击 Main.storyboard 文件,在工具栏中单击"+"启动 Library 对象库,单击选中可视化对象列表中的 Date Picker,按住鼠标左键拖动至屏幕中。

步骤 4:在 Attributes inspector 中设置 Mode 属性为"Count Down Timer",Count Down 属性为"30"分钟;在 Size inspector 中修改 X 属性为"0",Y 属性为"120",Width 属性为"415",Height 属性为"220",如图 11.18 所示。

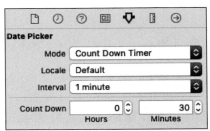
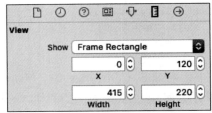

图 11.18 Date Picker 对象的属性

步骤 5:在 Library 中添加一个 Label 对象到视图中,在 Attributes inspector 中设置其 Text 属性为"Plain",Color 属性为"System Purple Color",Font 属性为"System 26.0",Alignment 属性为"Center";在 Size inspector 中修改 X 属性为"0",Y 属性为"450",Width 属性为"415",Height 属性为"60",如图 11.19 所示。

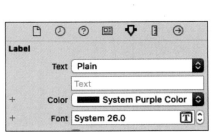
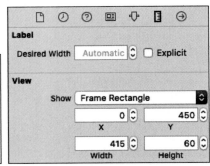

图 11.19 Label 对象的属性

步骤 6:在 Library 中添加一个 Button 对象到视图中,在 Attributes inspector 中修改 Title 属性为"开始倒计时",Font 属性为"System 22.0";在 Size inspector 中修改 X 属性为"150",Y 属性为"580",Width 属性为"115",Height 属性为"40",如图 11.20 所示。

步骤 7:在助手编辑器中为 DatePicker、Label、Button 对象设置 Outlet 属性,为 Button 对象设置 Action,如图 11.21 所示。

第11章 DatePicker和TableView对象

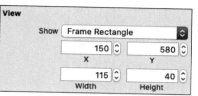

图 11.20 Button 对象的属性

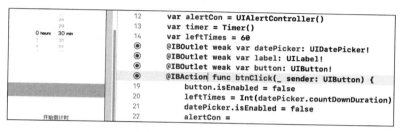

图 11.21 Outlet 与 Action

步骤 8：在 Xcode 窗口左侧导航区域中单击 ViewController.swift 文件，在 ViewController 类中输入以下代码：

```swift
class ViewController: UIViewController {
    var alertCon = UIAlertController()
    var timer = Timer()
    var leftTimes = 60
    @IBOutlet weak var datePicker: UIDatePicker!
    @IBOutlet weak var label: UILabel!
    @IBOutlet weak var button: UIButton!
    @IBAction func btnClick(_ sender: UIButton) {
        button.isEnabled = false
        leftTimes = Int(datePicker.countDownDuration)
        datePicker.isEnabled = false
        alertCon = UIAlertController(title:"倒计时",message:"倒计时开始,还有\(leftTimes)秒.",preferredStyle:.alert)
        let cancel = UIAlertAction(title:"取消",style:.cancel,handler:nil)
        let okAction = UIAlertAction(title:"确定",style:.default,handler:nil)
        alertCon.addAction(cancel)
        alertCon.addAction(okAction)
        self.present(alertCon,animated:true,completion: nil)
        timer = Timer.scheduledTimer(timeInterval: 1, target: self, selector: #selector(clickDown), userInfo: nil, repeats: true)
    }
    @objc func clickDown(){
        label.text = "倒计时开始,还有\(leftTimes)秒."
        label.sizeToFit()
        alertCon.message = "倒计时开始,还有\(leftTimes)秒."
        leftTimes -= 1
        datePicker.countDownDuration = TimeInterval(leftTimes)
        if leftTimes <= 0{
            timer.invalidate()
            datePicker.isEnabled = true
```

```
                button.isEnabled = true
                label.text = "倒计时结束."
                alertCon.message = "时间到!"
            }
        }
        override func viewDidLoad() {
            super.viewDidLoad()
        }
    }
```

代码解析：在 ViewController 类中定义警告对话框、计时器、剩余时间变量，为倒计时按钮的单击事件设置警告对话框、计时器，定义计时器功能函数。

步骤 9：选择 iPhone 11 模拟器，运行项目查看效果，如图 11.22 所示。

图 11.22 运行效果

11.2 TableView 对象

11.2.1 TableView 对象简介

TableView(表格视图)用于在 iOS 中以列表形式显示数据，UITableView 有两种风格：UITableViewStylePlain 和 UITableViewStyleGrouped，UITableViewStylePlain 按平铺样式显示数据，UITableViewStyleGrouped 按分组样式显示数据。

TableView 这张"表格"与生活表格有区别，TableView 中只有一列数据，TableView 包含 TableViewCell(表格视图单元格)。

TableViewCell 单元格中可包含一个 UIView 容器、一个 textLabel 内容文本域、一个 detailLabel 详情文本域、一个 UIImage 图片对象,其中 UIView 对象包含其他对象。

TableViewCell 样式如下:

```
enum UITableViewCell.CellStyle{
    default,    //左侧显示 textLabel(不显示 detailTextLabel),imageView 可选(显示在最左边)
    value1,     //左侧显示 textLabel、右侧显示 detailTextLabel(默认蓝色),imageView 可选(显
                //示在最左边)
    value2,     //左侧依次显示 textLabel(默认蓝色)和 detailTextLabel,imageView 可选(显示
                //在最左边)
    subtitle    // 左上方显示 textLabel,左下方显示 detailTextLabel(默认灰色),imageView 可
                //选(显示在最左边)
}
```

iOS 是遵循 MVC 模式而设计的,在 iOS 中大部分数据源视图控件(View)都有一个 dataSource 属性用于和控制器(Controller)交互,而数据源一般以数据模型(Model)的形式进行定义,视图不直接和模型交互,而是通过控制器间接读取数据。

11.2.2 用代码方式创建 TableView 对象

视频讲解

TableView 对象对应的类是 UITableView,Xcode 中创建 TableView 时需要遵守 UITableViewDataSource 协议,具体创建步骤如下。

步骤 1:在程序坞中单击启动 Xcode,选择 iOS 平台下的 Single View App 类型的模板。

步骤 2:在 Product Name 文本框中输入项目名称"CodeCreationTableView",项目保存路径设置为"Desktop"。

步骤 3:单击打开 Xcode 窗口左侧导航栏中的 ViewController.swift 文件,在 ViewController 类中输入以下代码:

```
class ViewController: UIViewController,UITableViewDataSource {
    var goods:Dictionary<String,[String]> = [
        "0001":["可口可乐","进价 1.6 元/听","售价 2.0 元/听"],
        "0002":["百事可乐","进价 1.6 元/听","售价 2.0 元/听"],
        "0003":["可口可乐(1L)","进价 2 元/听","售价 2.5 元/听"],
        "0004":["百事可乐(1L)","进价 2 元/听","售价 2.5 元/听"],
        "0005":["雪碧","进价 1.6 元/听","售价 2.0 元/听"],
        "0006":["雪碧(1L)","进价 2 元/听","售价 2.5 元/听"],
        "0007":["七喜","进价 1.7 元/听","售价 2.2 元/听"],
        "0008":["七喜(1L)","进价 2 元/听","售价 2.5 元/听"],
        "0009":["汇源果汁","进价 7.8 元/瓶","售价 9.8 元/瓶"]
    ]
    var ids = [String]()
    //设置分区个数
    func numberOfSections(in tableView: UITableView) -> Int {
        return ids.count
    }
    //设置分区行数
    func tableView(_ tableView: UITableView, numberOfRowsInSection section: Int) -> Int {
        return (goods[ids[section]]?.count)!
    }
```

```swift
//添加单元格
func tableView(_ tableView: UITableView, cellForRowAt indexPath: IndexPath) -> UITableViewCell {
    var goodCell = tableView.dequeueReusableCell(withIdentifier: "reuseId")
    if goodCell == nil{
        goodCell = UITableViewCell (style: UITableViewCell.CellStyle.default, reuseIdentifier: "reuseId")
    }
    let goodType = goods[ids[(indexPath as NSIndexPath).section]]
    goodCell?.textLabel?.text = goodType![(indexPath as NSIndexPath).row]
    return goodCell!
}
//设置分区标题
func tableView(_ tableView: UITableView, titleForHeaderInSection section: Int) -> String? {
    return ids[section]
}
//设置索引序列内容
func sectionIndexTitles(for tableView: UITableView) -> [String]? {
    return ids
}
//添加 TableView
override func viewDidLoad() {
    super.viewDidLoad()
    ids = Array(goods.keys).sorted()
    let viewSize = UIScreen.main.bounds
    let twRect = CGRect(x: 0, y: 20, width: viewSize.size.width, height: viewSize.size.height - 20)
    let goodTable = UITableView(frame:twRect)
    goodTable.dataSource = self
    self.view.addSubview(goodTable)
}
```

代码解析：为 ViewController 添加 UITableViewDataSource 协议，在 ViewController 类中创建商品字典、商品字典键数组；通过 numberOfSections() 方法设置表格视图的分区数；通过 tableView(_ tableView：UITableView，numberOfRowsInSection section：Int) 方法设置表格视图分区中的行数；通过 tableView(_ tableView：UITableView，cellForRowAt indexPath：IndexPath) 方法添加表格视图单元格，indexPath 参数包含两个成员 section 和 row，section 表示分区号，row 表示分区中的行号，section 与 row 都从 0 开始计数；通过 tableView(_ tableView：UITableView，titleForHeaderInSection section：Int) 方法设置分区标题；通过 func sectionIndexTitles(for tableView：UITableView) —> [String]? 方法设置索引序列内容；在 viewDidLoad() 方法中创建 UITableView 对象，并将其添加到视图中。

图 11.23 运行效果

步骤 4：选择 iPhone 11 模拟器，运行项目查看效果，如图 11.23 所示。

11.2.3　用 Interface Builder 方式创建 TableView 对象

Interface Builder 中提供了 Table View 与 Table View Cell 对象，分别表示表格视图与表格视图单元格对象，具体创建步骤如下。

步骤 1：在程序坞中单击启动 Xcode，选择 iOS 平台下的 Single View App 类型的模板。

步骤 2：在 Product Name 文本框中输入项目名称"TableViewCase"，项目保存路径设置为"Desktop"。

步骤 3：在项目左侧导航区域单击 Main.storyboard 文件，在工具栏中单击"＋"启动 Library 对象库，单击可视化对象列表中的 Table View，按住鼠标左键拖动至屏幕中。

步骤 4：在 Size inspector 中设置 X 属性为 0，Y 属性为"35"，Width 属性为"415"，Height 属性为"830"，如图 11.24 所示。

步骤 5：在 Library 对象库中选中 Table View Cell，将 Table View Cell 对象拖动至 Table View 对象中，在 Library 对象库中选中 Label 对象，添加到 Table View Cell 中。

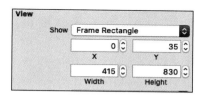

图 11.24　Table View 属性

步骤 6：在 File 菜单中选择 New File 菜单项，在 Choose a template for your new file 对话框中，选择 iOS 平台下的"Cocoa Touch Class"，在 Class 中输入"TableViewCell"，在 Subclass of 中输入"UITableViewCell"，单击对话框右下角的 Next 按钮，在保存对话框中选择"Desktop"，单击对话框右下角 Create 按钮创建类文件，如图 11.25 所示。

图 11.25　Cocoa Touch Class

步骤7：在 Interface Builder 左侧的文档大纲区域中选择 TableViewCell，在 Identity inspector 中将 Custom Class 的 Class 属性修改为"TableViewCell"，如图 11.26 所示。

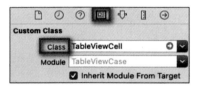

图 11.26　Custom Class 类

步骤8：单击 Interface Builder 工作区右上角的 Add Editor at Right 新开一个编辑区，在编辑区顶部导航栏中选择 Table View Case-TableViewCell.swift 文件，在 TableViewCell 对象上右击，拖动到右侧的 TableViewCell.swift 文件中，建立 Outlet 类型关联，关闭右侧编辑区，如图 11.27 所示。

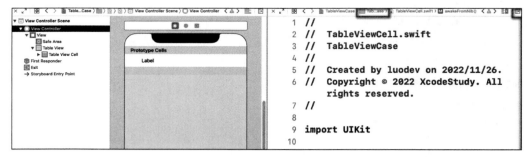

图 11.27　添加编辑区

步骤9：在 Interface Builder 左侧的文档大纲区域中的 Table View 上右击，拖动到 View Controller，在弹出的 Outlets 对话框中单击 dataSource，按同样方式为 Table View 对象与 View Controller 对象建立 delegate 类型的关联，如图 11.28 所示。

步骤10：在 Xcode 左侧导航栏区域中单击打开 ViewController.swift 文件，在 View Controller 类名后添加 UITableViewDataSource 和 UITableViewDelegate 协议，在 View Controller 中输入以下代码：

图 11.28　为 Table View 设置 dataSource 和 delegate

```
class ViewController: UIViewController,UITableViewDataSource, UITableViewDelegate {
    var carArray:Dictionary<String,[String]> = [
        "1":["京 A123456","奔驰","0606789","2023 年 11 月 18 日"],
        "2":["冀 FE920A3","宝马","D684139","2023 年 5 月 12 日"],
        "3":["沪 CD32584","法拉利","9647206","2023 年 12 月 30 日"],
        "4":["粤 B74DC56","路虎","8964f2d","2023 年 6 月 21 日"],
        "5":["津 A394kf3","大众","62078943","2023 年 8 月 2 日"],
        "6":["鄂 A8493f3","吉利","86741567","2023 年 12 月 25 日"],
        "7":["蒙 Aa483k2","丰田","B9435242","2023 年 4 月 12 日"],
        "8":["川 E841fB3","本田","8746391","2023 年 9 月 3 日"],
        "9":["云 C94385","保时捷","4683185","2023 年 10 月 4 日"]
    ]
    var ids = [String]()
```

第11章 DatePicker和TableView对象

```swift
    //设置分区个数
    func numberOfSections(in tableView: UITableView) -> Int {
        return ids.count
    }
    //设置分区行数
    func tableView(_ tableView: UITableView, numberOfRowsInSection section: Int) -> Int {
        return (carArray[ids[section]]?.count)!
    }
    //添加单元格
    func tableView(_ tableView: UITableView, cellForRowAt indexPath: IndexPath) -> UITableViewCell {
        var carCell = tableView.dequeueReusableCell(withIdentifier: "reuseId")
        if carCell == nil{
            carCell = UITableViewCell(style: UITableViewCell.CellStyle.default, reuseIdentifier: "reuseId")
        }
        let carKey = carArray[ids[(indexPath as NSIndexPath).section]]
        carCell?.textLabel?.text = carKey![(indexPath as NSIndexPath).row]
        return carCell!
    }
    //设置分区标题
    func tableView(_ tableView: UITableView, titleForHeaderInSection section: Int) -> String? {
        return ids[section]
    }
    //设置索引序列内容
    func sectionIndexTitles(for tableView: UITableView) -> [String]?      {
        return ids
    }
    //单击表格视图元素
     func tableView(_ tableView: UITableView, didSelectRowAt indexPath: IndexPath) {
        let key = ids[indexPath.section]
        let datas = carArray[key]
        let value = datas![indexPath.row]
        print("\(key):\(value)")
    }
    override func viewDidLoad() {
        super.viewDidLoad()
        ids = Array(carArray.keys).sorted()
    }
}
```

步骤11：选择 iPhone 11 模拟器，运行项目查看效果，如图 11.29 所示。

图 11.29 运行效果

11.3 小结

DatePicker 对象是日期选择对象,通过 Mode 属性选择日期时间功能与倒计时功能。DatePicker 对象可通过代码、Interface Builder 两种方式进行创建。DatePicker 对应的类是 UIDatePicker。

TableView 在 iOS 中以列表形式显示信息。TableView 中包含 TableViewCell 单元格,TableViewCell 单元格中可包含一个 UIView 容器、一个 textLabel 内容文本域、一个 detailLabel 详情文本域、一个 UIImage 图片对象。TableView 对应的类是 UITableView。

习题

一、单选题

1. iOS 中 DatePicker 对象的作用是(　　)。
   A. 设置字体　　B. 设置日期与事件　　C. 添加时间戳　　D. 设置背景
2. TableView 表格视图用于在 iOS 中以(　　)形式显示数据。
   A. 列表形式　　B. 图片　　C. 文字　　D. 视频
3. iOS 开发中计时器功能通过(　　)对象实现。
   A. List　　B. Button　　C. Timer　　D. Label
4. iOS 中警告对话框通过(　　)对象实现。
   A. Warn　　　　　　　　　　　　　B. Alert
   C. Action　　　　　　　　　　　　D. UIAlertController

二、填空题

1. DatePicker 对象中显示模式通过_____属性设置,地区通过_____属性设置。
2. Timer 通过_____对象管理计时器需要处理的事件和消息。
3. UITableView 有两种风格,分别是_____和_____。

实训　日期选择器的使用

（1）创建名为"日期选择器的使用"的 Single View App 类型的 iOS 项目。

（2）在 main.storyboard 中添加 1 个 DatePicker 对象和 4 个 Label 对象，如图 11-30 所示。

图 11-30　DatePicker 和 Label 对象

（3）通过助手编辑器为 DatePicker 对象和显示日期 Label 对象添加 Outlet 与 Action，如图 11-31 所示。

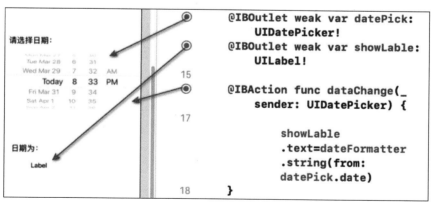

图 11-31　Outlet 与 Action

（4）在 ViewController.swift 文件中输入如下代码：

```
import UIKit

class ViewController: UIViewController {
```

```swift
    var dateFormatter = DateFormatter()
    @IBOutlet weak var datePick: UIDatePicker!
    @IBOutlet weak var showLabel: UILabel!
    
    override func viewDidLoad() {
        super.viewDidLoad()
        datePick.locale = NSLocale(localeIdentifier: "zh_CN") as Locale
        datePick.date = NSDate() as Date
        dateFormatter.dateFormat = "y年 M月 d日"
        showLable.text = dateFormatter.string(from: datePick.date)
    }
    @IBAction func dataChange(_ sender: UIDatePicker) {
        showLable.text = dateFormatter.string(from: datePick.date)
    }
}
```

(5) 选择模拟器型号,运行项目查看运行效果。

第 12 章

Switch、Slider与ImageView对象

12.1 Switch 对象

12.1.1 Switch 对象简介

iOS 应用中的滑动开关功能使用 Switch 对象实现，Switch 的功能类似于生活中开关按钮。Switch 对象向用户显示布尔状态的元素，用户通过单击 Switch 控件，可以循环切换 On 和 Off 两种状态，一般用于只有两种取值的场景。

Switch 对应的类是 UISwitch，Switch 对象的大小固定，用户不能修改其大小。Switch 对象的常用属性如表 12.1 所示。

表 12.1 Switch 对象常用属性

序号	属性	含义
1	State	Switch 对象当前状态，值为"On"或"Off"
2	On Tint	Switch 对象为"On"状态时左边区域的颜色，默认为绿色
3	Thumb Tint	Switch 对象为"Off"状态时右边圆形中的颜色，默认为白色
4	Enabled	Switch 对象当前是否可用，默认为可用
5	Hidden	Switch 对象当前是否隐藏，默认为不隐藏

12.1.2 用代码方式创建 Switch 对象

视频讲解

Switch 对象对应的类 UISwitch，Switch 对象一般用于控制其他对象的显示与可用，具体使用步骤如下。

步骤 1：在程序坞中单击启动 Xcode，选择 iOS 平台下的 Single View App 类型的模板。

步骤 2：在 Product Name 文本框中输入项目名称"CodeCreationSwitch"，项目保存路径设置为"Desktop"。

步骤 3：单击打开 Xcode 窗口左侧导航栏中的 ViewController.swift 文件，在 ViewController 类中输入以下代码：

```
class ViewController: UIViewController {
    var msgView:UIView? = nil
    var btn:UIButton? = nil
    override func viewDidLoad() {
        super.viewDidLoad()
```

```swift
        let swRect_one = CGRect(x: 50, y: 100, width: 50, height: 30)
        let switch_one = UISwitch(frame:swRect_one)
        switch_one.onTintColor = UIColor.blue
        switch_one.thumbTintColor = UIColor.orange
        switch_one.addTarget(self, action: #selector(switch_one_isOn(_:)), for: UIControl.Event.valueChanged)
        switch_one.setOn(true, animated: true)
        self.view.addSubview(switch_one)
        let viewRect = CGRect(x: 50, y: 140, width: 300, height: 100)
        msgView = UIView(frame: viewRect)
        msgView?.backgroundColor = UIColor.systemYellow
        msgView?.isHidden = false
        self.view.addSubview(msgView!)
        let labelRect = CGRect(x: 10, y: 10, width: 200, height: 80 )
        let labelMsg = UILabel(frame:labelRect)
        labelMsg.numberOfLines = 2
        labelMsg.text = "\t作者:罗良夫\n\t年龄:37"
        labelMsg.font = UIFont.systemFont(ofSize: 26)
        labelMsg.textColor = UIColor.red
        labelMsg.textAlignment = NSTextAlignment.left
        msgView?.insertSubview(labelMsg, at: 0)
        let swRect_two = CGRect(x: 50, y: 300, width: 50, height: 30)
        let switch_two = UISwitch(frame:swRect_two)
        switch_two.setOn(true,animated: false)
        switch_two.addTarget(self, action: #selector(switch_two_isOn(_:)), for: UIControl.Event.valueChanged)
        self.view.addSubview(switch_two)
        let btnRect = CGRect(x:50 , y: 350, width: 80, height: 30)
        btn = UIButton(frame:btnRect)
        btn!.setTitle("请单击", for: UIControl.State.normal)
        btn!.titleLabel?.font = UIFont.systemFont(ofSize: 26)
        btn!.setTitleColor(UIColor.blue, for: UIControl.State.normal)
        btn!.setTitleColor(UIColor.gray, for: UIControl.State.disabled)
        btn!.addTarget(self, action: #selector(btnClicked), for: UIControl.Event.touchUpInside)
        self.view.addSubview(btn!)
    }
    @objc func switch_one_isOn(_ sw:UISwitch){
        if sw.isOn{
            msgView!.isHidden = false
        }else{
            msgView!.isHidden = true
        }
    }
    @objc func switch_two_isOn(_ sw:UISwitch){
        if sw.isOn{
            btn!.isEnabled = true
        }else{
            btn!.isEnabled = false
        }
    }
    @objc func btnClicked(){
        print("button is clicked.")
    }
}
```

代码解析：在 ViewController 类中定义 UIView 类型、UIButton 类型的可选变量，用于在 viewDidLoad()方法与事件方法中使用。在 viewDidLoad()方法中定义一个 UISwitch 类型的常量 Switch_one，并定义其属性，添加 valueChanged 事件方法 switch_one_isOn(_:)，然后将其添加到视图中；创建一个 UIView 对象，设置其属性并添加到视图中；创建一个 UILabel 对象并添加到 UIView 对象中；创建一个 UISwitch 类型的常量 switch_two，设置其属性并添加 valueChanged 事件方法 switch_two_isOn(_:)，将其添加到当前视图中；创建一个 UIButton 对象，设置其属性并添加 TouchUpInside 事件方法 btnClicked，并将其添加到当前视图中。switch_one_isOn 方法中根据 UISwitch 参数的 isOn 属性值决定 UIView 对象是否显示，switch_two_isOn 方法中根据 UISwitch 参数的 isOn 属性值决定 UIButton 对象是否可用，btnClicked 方法中在后台输出字符串"button is clicked."。

步骤 4：选择 iPhone 11 模拟器，运行项目查看效果，如图 12.1 所示。

图 12.1　运行效果

12.1.3　用 Interface Builder 方式创建 Switch 对象

视频讲解

对于只有两种取值的对象属性，Xcode 提供了 Switch 对象进行开关操作，操作步骤如下。

步骤 1：在程序坞中单击启动 Xcode，选择 iOS 平台下的 Single View App 类型的模板。

步骤 2：在 Product Name 文本框中输入项目名称"SwitchCase"，项目保存路径设置为"Desktop"。

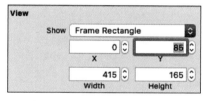

图 12.2　DatePicker 对象属性

步骤 3：在项目左侧导航区域单击 Main.storyboard 文件，在工具栏中单击"＋"启动 Library 对象库，单击可视化对象列表中的 Date Picker，按住鼠标左键拖动至屏幕中；在 Size inspector 中设置 X 属性为"0"，Y 属性为"85"，Width 属性为"415"，Height 属性为"165"，如图 12.2 所示。

步骤 4：从 Library 对象库中添加一个 Label 对象到屏幕中，在 Attributes inspector 中设置 Text 属性为"显示时间"，Font 属性为"System 22.0"；在 Size inspector 中设置 X 属性为"135"，Y 属性为"320"，Width 属性为"90"，Height 属性为"30"，如图 12.3 所示。

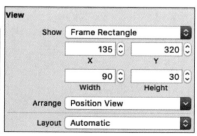

图 12.3　显示时间 Label 属性

步骤 5：从 Library 对象库中添加一个 Switch 对象到屏幕中，在 Attributes inspector 中设置 On Tint 属性为"System Orange Color"，Thumb Tint 属性为"System Green Color"；在 Size inspector 中设置 X 属性为"230"，Y 属性为"320"，如图 12.4 所示。

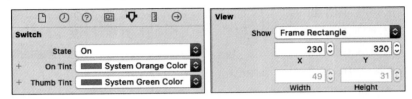

图 12.4　Switch 属性

步骤 6：从 Library 对象库中添加一个 Label 对象到屏幕中，在 Attributes inspector 中设置 Text 属性为"当前时间"，Color 属性为"System Indigo Color"，修改 Font 属性为"System 22.0"，Alignment 属性为"Center"，Background 属性为"Light Gray Color"；在 Size inspector 中修改 X 属性为"0"，Y 属性为"450"，Width 属性为"415"，Height 属性为"60"，如图 12.5 所示。

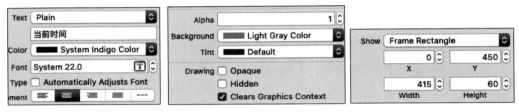

图 12.5　当前时间 Label 属性

步骤 7：在助手编辑器中为 DatePicker、Switch、Label 对象设置 Outlet，为 Switch、DatePicker 对象设置 valueChanged 事件类型的 Action，如图 12.6 所示。

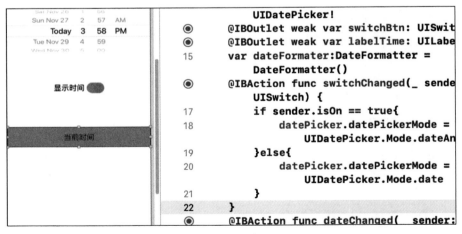

图 12.6　Outlet 与 Action

步骤 8：在 Xcode 左侧导航区域中单击打开 ViewController.swift 文件，在 ViewContoller 类中输入以下代码：

```
class ViewController: UIViewController {
    @IBOutlet weak var datePicker: UIDatePicker!
```

```
@IBOutlet weak var switchBtn: UISwitch!
@IBOutlet weak var labelTime: UILabel!
var dateFormater:DateFormatter = DateFormatter()
@IBAction func switchChanged(_ sender: UISwitch) {
    if sender.isOn == true{
        datePicker.datePickerMode = UIDatePicker.Mode.dateAndTime
    }else{
        datePicker.datePickerMode = UIDatePicker.Mode.date
    }
}
@IBAction func dateChanged(_ sender: UIDatePicker) {
    if switchBtn.isOn == true{
        dateFormater.dateFormat = "yyyy年 MM月 dd日 HH时 mm分 ss秒"
    }else{
        dateFormater.dateFormat = "yyyy年 MM月 dd日"
    }
    print("DatePicker 时间:" + dateFormater.string(from:sender.date))
}
override func viewDidLoad() {
    super.viewDidLoad()
    if switchBtn.isOn == true{
        dateFormater.dateFormat = "yyyy年 MM月 dd日 HH时 mm分 ss秒"
    }else{
        dateFormater.dateFormat = "yyyy年 MM月 dd日"
    }
    labelTime.text = "当前时间:" + dateFormater.string(from:Date())
    Timer.scheduledTimer(timeInterval: 1, target: self, selector: #selector(showTime), userInfo: nil, repeats: true)
}
@objc func showTime(){
    if switchBtn.isOn == true{
        dateFormater.dateFormat = "yyyy年 MM月 dd日 HH时 mm分 ss秒"
    }else{
        dateFormater.dateFormat = "yyyy年 MM月 dd日"
    }
    labelTime.text = "当前时间:" + dateFormater.string(from:Date())
}
}
```

步骤9：选择 iPhone 11 模拟器，运行项目查看效果，如图 12.7 所示。

图 12.7　运行效果

12.2 Slider 对象

12.2.1 Slider 对象简介

Slider 对象是一种从有界线性值范围中取值的控件，通过拖动对象中的按钮进行设置，也称滑动器组件，一般用于设置具有取值范围的属性。

Slider 对象用于从一个范围中选择一个值，在使用过程中可以调整取值范围的大小，还可以设置当前值等属性。Slider 对象常用属性如表 12.2 所示。

表 12.2 Slider 对象常用属性

序号	属性	含义
1	value	Slider 对象的当前值
2	Minimum	Slider 对象取值范围的最小值
3	Maxmum	Slider 对象取值范围的最大值
4	Min Track	滑动按钮左边线条的颜色
5	Max Track	滑动按钮右边线条的颜色
6	Thumb Tint	滑动按钮的颜色
7	Continuous Updates	拖动滑块时是否实时更新数据
8	Enabled	Slider 控件是否可用

视频讲解

12.2.2 用代码方式创建 Slider 对象

Slider 对象对应的类是 UISlider。Slider 对象一般用于设置其他组件的属性，具体使用步骤如下。

步骤 1：在程序坞中单击启动 Xcode，选择 iOS 平台下的 Single View App 类型的模板。

步骤 2：在 Product Name 文本框中输入项目名称"CodeCreationSlider"，项目保存路径设置为"Desktop"。

步骤 3：单击打开 Xcode 窗口左侧导航栏中的 ViewController.swift 文件，在 ViewController 类中输入以下代码：

```
class ViewController: UIViewController {
    var textLabel:UILabel? = nil
    override func viewDidLoad() {
        super.viewDidLoad()
        //被设置的标签
        let labelRect = CGRect(x: 0, y: 100, width: 100, height: 100)
        textLabel = UILabel(frame:labelRect)
        textLabel?.text = "Slider 对象使用示例."
        textLabel?.sizeToFit()
        self.view.addSubview(textLabel!)
        //字体设置标签
        let labRect1 = CGRect(x: 50, y: 200, width: 150, height: 30)
        let label1 = UILabel(frame:labRect1)
        label1.text = "修改字体大小"
        label1.font = UIFont.systemFont(ofSize: 16)
        label1.textAlignment = NSTextAlignment.right
```

```
        self.view.addSubview(label1)
        //字体设置Slider
        let fontsizeRect = CGRect(x: 200, y: 200, width: 100, height: 30)
        let fontsizeSlider = UISlider(frame: fontsizeRect)
        fontsizeSlider.minimumValue = 1
        fontsizeSlider.maximumValue = 100
        fontsizeSlider.value = 50
        fontsizeSlider.addTarget(self, action: #selector(setFontsize(_:)), for: UIControl.Event.valueChanged)
        self.view.addSubview(fontsizeSlider)
        //透明度设置标签
        let labRect2 = CGRect(x: 50, y: 300, width: 150, height: 30)
        let label2 = UILabel(frame:labRect2)
        label2.text = "修改标签透明度"
        label2.font = UIFont.systemFont(ofSize: 16)
        label2.textAlignment = NSTextAlignment.right
        self.view.addSubview(label2)
        //透明度设置Slider
        let alphaRect = CGRect(x: 200, y: 300, width: 100, height: 30)
        let alphaSlider = UISlider(frame: alphaRect)
        alphaSlider.minimumValue = 0
        alphaSlider.maximumValue = 1
        alphaSlider.value = 0.5
        alphaSlider.addTarget(self, action: #selector(setAlpha(_:)), for: UIControl.Event.valueChanged)
        self.view.addSubview(alphaSlider)
    }
    @objc func setFontsize(_ slider:UISlider){
        textLabel!.font = UIFont.systemFont(ofSize: CGFloat(slider.value))
        textLabel!.sizeToFit()
    }
    @objc func setAlpha(_ slider:UISlider){
        textLabel!.layer.borderColor = CGColor.init(srgbRed: 1, green: 0, blue: 0, alpha: 1)
        textLabel!.alpha = CGFloat(slider.value)
    }
}
```

代码解析：在 ViewController 类中定义 textLabel 变量,用于在 viewDidLoad()方法与事件方法中使用,在 viewDidLoad()方法中创建被设置的标签并添加到当前视图中,添加字体设置标签与字体设置 Slider 并添加到当前视图中,添加透明度设置标签与透明度设置 Slider 并添加到当前视图中,创建字体设置 Slider 对象的 UIControl.Event.valueChanged 事件的响应方法 setFontsize(),创建透明度设置 Slider 对象的 UIControl.Event.valueChanged 事件的响应方法 setAlpha()。

步骤 4:选择 iPhone 11 模拟器,运行项目查看效果,如图 12.8 所示。

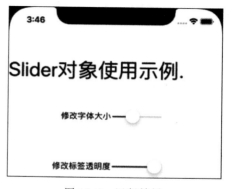

图 12.8 运行效果

12.2.3 用 Interface Builder 方式创建 Slider 对象

Slider 对象用于在范围中选择某个值,常用于对其他对象的属性进行设置,例如设置字体大小、透明度、颜色等。通过 Interface Builder 方式创建 Slider 的步骤如下。

步骤 1:在程序坞中单击启动 Xcode,选择 iOS 平台下的 Single View App 类型的模板。

步骤 2:在 Product Name 文本框中输入项目名称"SliderCase",项目保存路径设置为"Desktop"。

步骤 3:在项目左侧导航区域单击 Main.storyboard 文件,在工具栏中单击"+"启动 Library 对象库,单击可视化对象列表中的 Label 对象,拖动到屏幕中;在 Attributes inspector 中设置 Lines 属性为"5",Text 属性为"鹿柴王维[唐代]空山不见人,但闻人语响。返景入深林,复照青苔上。"(换行等具体格式见图 12.9),Font 属性为"System 32.0",Alignment 属性为"Center";在 Size inspector 中设置 X 属性为"0",Y 属性为"100",Width 属性为"415",Height 属性为"155",如图 12.9 所示。

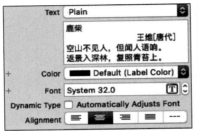 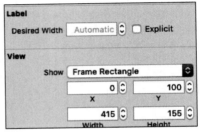

图 12.9 内容 Label 对象属性

步骤 4:从 Library 库中添加一个 Label 对象到屏幕中,在 Attributes inspector 中修改 Text 属性为"前景色",Font 属性为"System 26.0";在 Size inspector 中设置 X 属性为"95",Y 属性为"405",Width 属性为"80",Height 属性为"32",如图 12.10 所示。

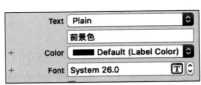 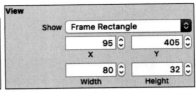

图 12.10 Switch 标签属性

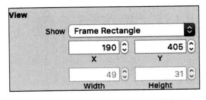

图 12.11 Switch 对象属性

步骤 5:从 Library 库中添加一个 Switch 对象到屏幕中,在 Size inspector 中设置 X 属性为"190",Y 属性为"405",如图 12.11 所示。

步骤 6:从 Library 库中添加一个 Label 对象到屏幕中,在 Attributes inspector 中修改 Text 属性为"红色",Font 属性为"System 26.0";在 Size inspector 中设置 X 属性为"98",Y 属性为"465",Width 属性为"55",Height 属性为"32",如图 12.12 所示。

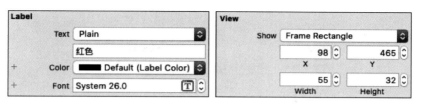

图 12.12　红色 Label 属性

步骤 7：从 Library 库中添加一个 Slider 对象到屏幕中，在 Attributes inspector 中修改 Min Track 属性为"System Red Color"；在 Size inspector 中设置 X 属性为"175"，Y 属性为"465"，Width 属性为"118"，如图 12.13 所示。

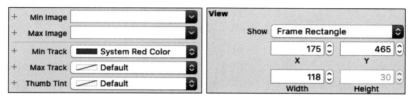

图 12.13　红色 Slider 属性

步骤 8：从 Library 库中添加一个 Label 对象到屏幕中，在 Attributes inspector 中修改 Text 属性为"绿色"，Font 属性为"System 26.0"；在 Size inspector 中设置 X 属性为"98"，Y 属性为"528"，Width 属性为"55"，Height 属性为"32"，如图 12.14 所示。

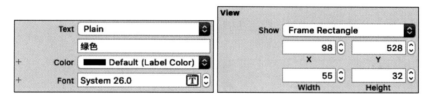

图 12.14　绿色 Label 属性

步骤 9：从 Library 库中添加一个 Slider 对象到屏幕中，在 Attributes inspector 中修改 Min Track 属性为"System Green Color"；在 Size inspector 中设置 X 属性为"175"，Y 属性为"530"，Width 属性为"118"，如图 12.15 所示。

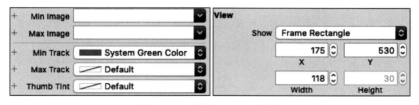

图 12.15　绿色 Slider 属性

步骤 10：从 Library 库中添加一个 Label 对象到屏幕中，在 Attributes inspector 中修改 Text 属性为"蓝色"，Font 属性为"System 26.0"；在 Size inspector 中设置 X 属性为"98"，Y 属性为"596"，Width 属性为"55"，Height 属性为"32"，如图 12.16 所示。

步骤 11：从 Library 库中添加一个 Slider 对象到屏幕中，在 Size inspector 中设置 X 属性为"175"，Y 属性为"600"，Width 属性为"118"，如图 12.17 所示。

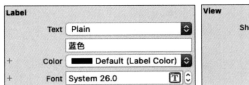
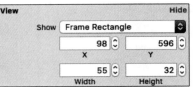

图 12.16　蓝色 Label 属性

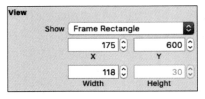

图 12.17　蓝色 Slider 属性

步骤12：从 Library 库中添加一个 Label 对象到屏幕中，在 Attributes inspector 中修改 Text 属性为"透明度"，Font 属性为"System 26.0"；在 Size inspector 中设置 X 属性为"98"，Y 属性为"650"，Width 属性为"80"，Height 属性为"32"，如图 12.18 所示。

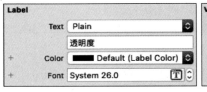
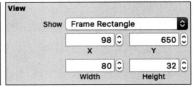

图 12.18　透明度 Label 属性

步骤13：从 Library 库中添加一个 Slider 对象到屏幕中，在 Attributes inspector 中修改 Min Track 属性为"System Orange Color"；在 Size inspector 中设置 X 属性为"175"，Y 属性为"650"，Width 属性为"118"，如图 12.19 所示。

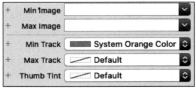
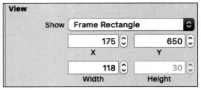

图 12.19　透明度 Slider 属性

步骤14：在助手编辑器中为唐诗标签对象、Switch 标签对象、Switch 对象、红色 Slider、绿色 Slider、蓝色 Slider、透明度 Slider 对象添加 Outlet，为 Switch 对象、红色 Slider、绿色 Slider、蓝色 Slider、透明度 Slider 对象添加 Action。

步骤15：在 Xcode 左侧导航区域中单击 ViewController.swift 文件，在 ViewContoller 类中输入以下代码：

```
class ViewController: UIViewController {
    @IBOutlet weak var textLabel: UILabel!
    @IBOutlet weak var switchLabel: UILabel!
    @IBOutlet weak var switchFB: UISwitch!
    @IBOutlet weak var redSlider: UISlider!
    @IBOutlet weak var greenSlider: UISlider!
    @IBOutlet weak var blueSlider: UISlider!
    @IBOutlet weak var alphaSlider: UISlider!
    @IBAction func fbSwitch(_ sender: UISwitch) {
```

```swift
        if switchFB.isOn == true{
            switchLabel.text = "前景色"
        }else{
            switchLabel.text = "背景色"
        }
    }
    @IBAction func redValueChanged(_ sender: UISlider) {
        if switchFB.isOn == true {
            textLabel.textColor = UIColor.init(red: CGFloat(redSlider.value), green: CGFloat(greenSlider.value), blue: CGFloat(blueSlider.value), alpha: CGFloat(alphaSlider.value))
        }else{
            textLabel.backgroundColor = UIColor.init(red: CGFloat(redSlider.value), green: CGFloat(greenSlider.value), blue: CGFloat(blueSlider.value), alpha: CGFloat(alphaSlider.value))
        }
    }
    @IBAction func greenValueChanged(_ sender: UISlider) {
        if switchFB.isOn == true {
            textLabel.textColor = UIColor.init(red: CGFloat(redSlider.value), green: CGFloat(greenSlider.value), blue: CGFloat(blueSlider.value), alpha: CGFloat(alphaSlider.value))
        }else{
            textLabel.backgroundColor = UIColor.init(red: CGFloat(redSlider.value), green: CGFloat(greenSlider.value), blue: CGFloat(blueSlider.value), alpha: CGFloat(alphaSlider.value))
        }
    }
    @IBAction func blueValueChanged(_ sender: UISlider) {
        if switchFB.isOn == true {
            textLabel.textColor = UIColor.init(red: CGFloat(redSlider.value), green: CGFloat(greenSlider.value), blue: CGFloat(blueSlider.value), alpha: CGFloat(alphaSlider.value))
        }else{
            textLabel.backgroundColor = UIColor.init(red: CGFloat(redSlider.value), green: CGFloat(greenSlider.value), blue: CGFloat(blueSlider.value), alpha: CGFloat(alphaSlider.value))
        }
    }
    @IBAction func alphaValueChanged(_ sender: UISlider) {
        if switchFB.isOn == true {
            textLabel.textColor = UIColor.init(red: CGFloat(redSlider.value), green: CGFloat(greenSlider.value), blue: CGFloat(blueSlider.value), alpha: CGFloat(alphaSlider.value))
        }else{
            textLabel.backgroundColor = UIColor.init(red: CGFloat(redSlider.value), green: CGFloat(greenSlider.value), blue: CGFloat(blueSlider.value), alpha: CGFloat(alphaSlider.value))
        }
    }
    override func viewDidLoad() {
        super.viewDidLoad()
        if switchFB.isOn == true {
            textLabel.textColor = UIColor.init(red: CGFloat(redSlider.value), green: CGFloat(greenSlider.value), blue: CGFloat(blueSlider.value), alpha: CGFloat(alphaSlider.value))
        }else{
            textLabel.backgroundColor = UIColor.init(red: CGFloat(redSlider.value), green: CGFloat(greenSlider.value), blue: CGFloat(blueSlider.value), alpha: CGFloat(alphaSlider.value))
        }
    }
}
```

代码解析：在 Switch 对象的 ValueChanged 事件方法中判断 Switch 对象的状态，

Switch 对象状态为 On 时修改 Switch 标签的值为"前景色",否则改为"背景色",修改 redSlider、greenSlider、blueSlider、alphaSlider 的事件响应函数;viewDidLoad()方法中根据 Switch 对象的状态修改内容标签的前景色或背景色。

步骤 16:选择 iPhone 11 模拟器,运行项目查看效果,如图 12.20 所示。

图 12.20 运行效果

12.3 ImageView 对象

12.3.1 ImageView 对象简介

ImageView 是在界面中显示单个图像或一系列动画图像的对象,ImageView 可以高效地绘制用 UIImage 对象指定的任何图像文件,例如使用 UIImageView 类显示 JPEG 和 PNG 文件。可以通过编程的方式配置图像视图,并在运行时更改它们显示的图像内容。对于动画图像,还可以使用 UIImageView 类的方法启动和停止动画,并指定其他动画参数。

ImageView 对象是一种包含图像的容器,ImageView 中通过包含 UIImage 来指定显示内容,UIImage 是 iOS 应用中对图像文件的封装对象。ImageView 对象常用属性如表 12.3 所示。

表 12.3 ImageView 对象常用属性

序 号	属 性	含 义
1	Image	用于显示的自定义图像或系统定义的图像
2	Highlighted	ImageView 处于高亮状态时显示的图像
3	Content Mode	图像在 ImageView 中显示的方式
4	Alpha	透明度

Content Mode 属性在 ImageView 的设计过程中经常使用,对应的属性值及含义如下。
- scaleToFill:缩放图片以填充整个 ImageView;
- scaleAspectFit:默认值,图片保持原来的比例,宽度填充,高度自适应,其余部分透明;
- scaleAspectFill:图片保持原来的比例,高度填充,宽度自适应;
- redraw:边界更改时重新绘制;
- center:内容大小保持不变,从图片水平与垂直方向上的中心开始显示;
- top:内容大小保持不变,从图片顶部开始显示;

- bottom：内容大小保持不变，从图片底部开始显示；
- left：内容大小保持不变，从图片左边开始显示；
- right：内容大小保持不变，从图片右边开始显示；
- topLeft：内容大小保持不变，从图片左上角开始显示；
- topRight：内容大小保持不变，从图片右上角开始显示；
- bottomLeft：内容大小保持不变，从图片左下角开始显示；
- bottomRight：内容大小保持不变，从图片右下角开始显示。

12.3.2 用代码方式创建 ImageView 对象

视频讲解

ImageView 是一种用于显示图像的容器，通过 UIImage 对象指定显示的文件内容，ImageView 对应的类是 UIImageView。用代码方式创建 ImageView 对象的步骤如下。

步骤 1：在程序坞中单击启动 Xcode，选择 iOS 平台下的 Single View App 类型的模板。

步骤 2：在 Product Name 文本框中输入项目名称"CodeCreationImageView"，项目保存路径设置为"Desktop"。

步骤 3：单击 Xcode 窗口左侧导航栏中的 ViewController.swift 文件，在 ViewController 类中输入以下代码：

```swift
class ViewController: UIViewController {
    override func viewDidLoad() {
        super.viewDidLoad()
        let iwidth = UIScreen.main.bounds.width/2
        let iheight = UIScreen.main.bounds.height/2
        let imageRect1 = CGRect(x: 0, y: 30, width: iwidth, height: iheight)
        let imageView1 = UIImageView(frame:imageRect1)
        //缩放图片以填充整个 ImageView
        imageView1.contentMode = UIView.ContentMode.scaleToFill
        imageView1.layer.borderWidth = 1
        imageView1.layer.borderColor = UIColor.red.cgColor
        let image = UIImage(named:"i1.png")
        imageView1.image = image
        self.view.addSubview(imageView1)
        let imageRect2 = CGRect(x: iwidth + 1, y: 30, width: iwidth, height: iheight)
        let imageView2 = UIImageView(frame:imageRect2)
        //图片保持原来的比例，宽度填充，高度自适应，其余部分透明
        imageView2.contentMode = UIView.ContentMode.scaleAspectFit
        imageView2.layer.borderWidth = 1
        imageView2.layer.borderColor = UIColor.green.cgColor
        imageView2.image = image
        self.view.addSubview(imageView2)
        let imageRect3 = CGRect(x: 0, y: iheight + 1, width: iwidth, height: iheight)
        let imageView3 = UIImageView(frame:imageRect3)
        //图片保持原来的比例，高度填充，宽度自适应
        imageView3.contentMode = UIView.ContentMode.scaleAspectFill
        imageView3.layer.borderWidth = 1
        imageView3.layer.borderColor = UIColor.black.cgColor
        imageView3.image = image
        self.view.addSubview(imageView3)
    }
}
```

代码解析：在 viewDidLoad()方法中定义两个变量保存宽度与高度信息，创建第一个 UIImageView 对象，设置其属性采用 UIView.ContentMode.scaleToFill 模式将图片显示到屏幕左上角；创建第二个 UIImageView 对象，设置其属性采用 UIView.ContentMode.scaleAspectFit 模式将图片显示到屏幕右上角，创建第三个 UIImageView 对象，设置其属性采用 UIView.ContentMode.scaleAspectFill 模式将图片显示到屏幕下方。

步骤4：选择 iPhone 11 模拟器，运行项目查看效果，如图 12.21 所示。

图 12.21 运行效果

12.3.3 用 Interface Builder 方式创建 ImageView 对象

Xcode 中通过 ImageView 控件创建对象，能够实现在屏幕中显示图片以及播放动画的效果。通过 Interface Builder 方式创建 ImageView 对象的步骤如下。

步骤1：在程序坞中单击启动 Xcode，选择 iOS 平台下的 Single View App 类型的模板。

步骤2：在 Product Name 文本框中输入项目名称"ImageViewShowPicture"，项目保存路径设置为"Desktop"。

步骤3：在 Xcode 右侧导航区域中单击 Assets.xcassets，在素材名列表区中右击，在弹出的菜单中单击 Import 选项，如图 12.22 所示。在弹出的对话框中选择图片素材 pic1.jpg 至 pic10.jpg，单击右下角的 Open 按钮。

步骤4：在项目左侧导航区域单击 Main.storyboard 文件，在工具栏中单击"＋"启动 Library 对象库，单击可视化对象列表中的 ImageView 对象添加到屏幕中。在 Attributes inspector 中设置 Image 属性为"pic1"，Content Mode 属性为"Aspect Fill"；在 Size inspector 中设置 X 属性为"0"，Y 属性为"35"，Width 属性为"415"，Height 属性为"510"，如图 12.23 所示。

步骤5：从 Library 库中添加一个 Button 对象到屏幕中，在 Attributes inspector 中设置 Title 属性为"第一张"，Font 属性为"System 26.0"；在 Size inspector 中设置 X 属性为"60"，Y 属性为"565"，Width 属性为"80"，Height 属性为"45"，如图 12.24 所示。

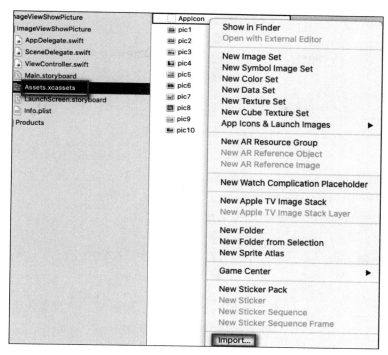

图 12.22　添加图片素材

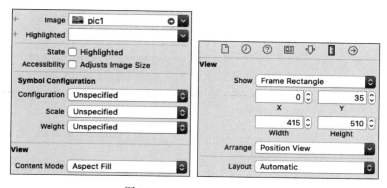

图 12.23　ImageView 属性

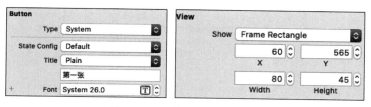

图 12.24　"第一张"按钮属性

步骤 6：按住键盘上的 Option 键，然后在"第一张"按钮上按住鼠标左键并拖动鼠标，复制出一个按钮。重复上述操作进行复制，得到三个新按钮。

步骤 7：设置第一个复制按钮的属性，在 Attributes inspector 中修改 Title 属性为"最后一张"，Font 属性为"System 26.0"；在 Size inspector 中设置 X 属性为"255"，Y 属性为"565"，Width 属性为"106"，Height 属性为"45"，如图 12.25 所示。

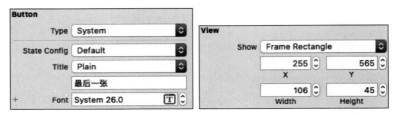

图 12.25 "最后一张"按钮属性

步骤 8：设置第二个复制按钮的属性，在 Attributes inspector 中修改 Title 属性为"上一张"，Font 属性为"System 26.0"；在 Size inspector 中设置 X 属性为"60"，Y 属性为"725"，Width 属性为"80"，Height 属性为"45"，如图 12.26 所示。

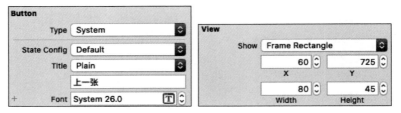

图 12.26 "上一张"按钮属性

步骤 9：设置第三个复制按钮的属性，在 Attributes inspector 中修改 Title 属性为"下一张"，Font 属性为"System 26.0"；在 Size inspector 中设置"X"属性为"265"，Y 属性为"725"，Width 属性为"80"，Height 属性为"45"，如图 12.27 所示。

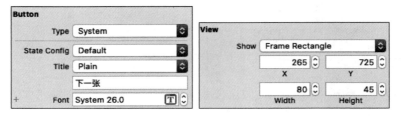

图 12.27 "下一张"按钮属性

步骤 10：打开助手编辑器，为 ImageView 对象设置 Outlet 属性，为"第一张""最后一张""上一张""下一张"四个按钮添加 TouchUpInside 事件的 Action 方法，如图 12.28 所示。

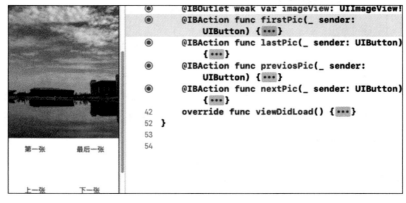

图 12.28 Outlet 与 Action

步骤 11：在 Xcode 左侧导航区域中单击 ViewController.swift 文件，在 ViewContoller 类中输入以下代码：

```swift
class ViewController: UIViewController {
    let picArray:[String] = ["pic1","pic2","pic3","pic4","pic5","pic6","pic7","pic8","pic9","pic10"]
    var imgArray:Array<UIImage> = []
    var currIndex:Int = 0
    var firstIndex:Int = 0
    var lastIndex:Int = 0
    @IBOutlet weak var imageView: UIImageView!
    @IBAction func firstPic(_ sender: UIButton) {
        imageView.image = imgArray[firstIndex]
        currIndex = 0
    }
    @IBAction func lastPic(_ sender: UIButton) {
        imageView.image = imgArray[lastIndex]
        currIndex = lastIndex
    }
    @IBAction func previosPic(_ sender: UIButton) {
        if currIndex == 0{
            currIndex = lastIndex
        }else{
            currIndex -= 1
        }
        imageView.image = imgArray[currIndex]
    }
    @IBAction func nextPic(_ sender: UIButton) {
        if currIndex == lastIndex{
            currIndex = 0
        }else{
            currIndex += 1
        }
        imageView.image = imgArray[currIndex]
    }
    override func viewDidLoad() {
        super.viewDidLoad()
        currIndex = 0
        firstIndex = 0
        lastIndex = picArray.count - 1
        for i in 0..<picArray.count{
            imgArray.append(UIImage(named: picArray[i])!)
        }
    }
}
```

代码解析：在 ViewController 中定义图片文件名数组、UIImage 数组，用于添加在 UIImageView 对象中显示的图像，定义当前图片编号、第一张图片编号、最后一张图片编号三个变量；在"第一张"按钮的事件中修改 ImageView 的 image 属性为第一张图片，并修改当前图片编号变量值为 0，将当前编号对应的 UIImage 图片赋给 UIImageView；在"最后一张"按钮的事件中修改 ImageView 的 image 属性为最后一张图片，并修改当前图片编号变量值为图片文件名数组的最后一个下标，将当前编号对应的 UIImage 图片赋给

UIImageView；在"前一张图片"按钮的事件中判断当前图片编号是否为第一张图片的编号，如果是则修改当前编号为最后一张图片的编号，否则将当前图片编号的值减一，并将当前编号对应的UIImage图片赋给UIImageView；在"下一张图片"按钮的事件中判断当前图片编号是否为最后一张图片的编号，如果是则修改当前编号为第一张图片的编号，否则将当前图片编号的值加一，并将当前编号对应的UIImage图片赋给UIImageView；在viewDidLoad()方法中，将当前图片的编号、第一个元素的值赋值为0，将最后一张图片的编号赋值为图片文件名数组的最后一个下标，遍历图片文件名数组，使用图片文件名数组中的元素对UIImage数组赋值。

步骤12：选择iPhone 11模拟器，运行项目查看效果，如图12.29所示。

图12.29　运行效果

12.3.4　用 Interface Builder 方式创建 ImageView 动画

ImageView对象可以设置图像序列的动画，实现多张图片在ImageView中的动态显示，具体操作步骤如下。

步骤1：在程序坞中单击启动Xcode，选择iOS平台下的Single View App类型的模板。

步骤2：在Product Name文本框中输入项目名称"ImageViewAnimation"，项目保存路径设置为"Desktop"。

步骤3：如图12.30所示，在Xcode右侧导航区域中单击Assets.xcassets，在素材名列表区中右击，在菜单中单击Import选项，在弹出的对话框中选择图片素材pic1.jpg至pic10.jpg，单击右下角的Open按钮。

步骤4：在项目左侧导航区域单击Main.storyboard文件，在工具栏中单击"＋"启动Library对象库，单击可视化对象列表中的Image View对象，将其添加到屏幕中。在Attributes inspector中设置Image属性为"pic1"，Content Mode属性为"Aspect Fill"；在Size inspector中设置X属性为"0"，Y属性为"35"，Width属性为"415"，Height属性为"685"，如图12.31所示。

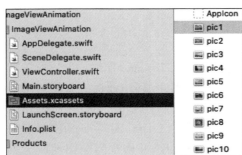

图12.30　Assets资源文件

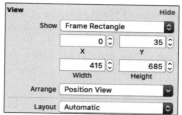

图 12.31　ImageView 属性

步骤 5：从 Library 库中添加一个 Label 对象到屏幕中，在 Attributes inspector 中设置 Text 属性为"开始动画"，Font 属性为"System 26.0"；在 Size inspector 中设置 X 属性为 "125"，Y 属性为"770"，Width 属性为"106"，Height 属性为"32"，如图 12.32 所示。

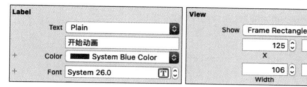

图 12.32　Label 属性

步骤 6：从 Library 库中添加一个 Switch 对象到屏幕中，在 Size inspector 中设置 X 属性为"248"，Y 属性为"770"，如图 12.33 所示。

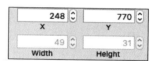

图 12.33　Switch 属性

步骤 7：打开助手编辑器，为 ImageView、Label、Switch 对象添加 Outlet 属性，为 Switch 按钮的 valueChanged 事件添加 Action 方法，如图 12.34 所示。

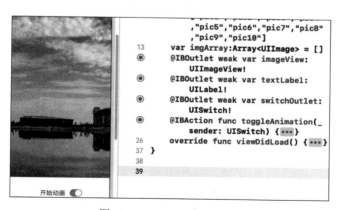

图 12.34　Outlet 与 Action

步骤 8：在 Xcode 左侧导航区域中单击打开 ViewController.swift 文件，在 ViewContoller 类中输入以下代码：

```
class ViewController: UIViewController {
    let picArray:[String] = ["pic1","pic2","pic3","pic4","pic5","pic6","pic7","pic8","pic9","pic10"]
```

```swift
    var imgArray:Array<UIImage> = []
    @IBOutlet weak var imageView: UIImageView!
    @IBOutlet weak var textLabel: UILabel!
    @IBOutlet weak var switchOutlet: UISwitch!
    @IBAction func toggleAnimation(_ sender: UISwitch) {
        if switchOutlet.isOn == true{
            imageView.startAnimating()
            textLabel.text = "停止动画"
        }else{
            imageView.stopAnimating()
            textLabel.text = "开始动画"
        }
    }
    override func viewDidLoad() {
        super.viewDidLoad()
        for i in 0..<picArray.count{
            imgArray.append(UIImage(named: picArray[i])!)
        }
        imageView.animationImages = imgArray
        imageView.animationDuration = 10
        imageView.animationRepeatCount = 1
        switchOutlet.setOn(false, animated: true)
    }
}
```

代码解析：在 ViewController 中定义图片文件名数组、UIImage 数组，用于添加在 UIImageView 对象中显示的图像；在 viewDidLoad()方法中遍历图片文件名数组，为 UIImage 数组添加图片文件，设置 ImageView 的动画属性，将 Switch 按钮的状态设置为 Off；在 Switch 按钮的事件方法中判断其状态，如果为 On 则开始播放动画，并修改标签内容为"停止动画"，如果为 Off 则停止播放动画，并修改标签内容为"开始动画"。

步骤 9：选择 iPhone 11 模拟器，运行项目查看效果，如图 12.35 所示。

图 12.35　运行效果

12.4　小结

　　Switch 对象的功能是实现 On、Off 状态的切换,类似于生活中的电灯开关,常用于在两种状态间切换的场景。Switch 对象的大小固定,用户不能修改。Switch 对象对应的类是 UISwitch。

　　Slider 对象的功能是通过滑动按钮从一个范围中选取一个值。Slider 对象也称为滑动器,一般用于对其他控件属性的修改,对应的类是 UISlider。

　　ImageView 对象是一种显示图像的容器,可以显示 JPG、PNG 等格式的图像文件,还可以显示动画效果。可以通过 ImageView 对象的 Content Mode 属性设置图像的显示效果。ImageView 对象对应的类是 UIImageView。

习题

一、单选题

1. iOS 应用中滑动开关功能使用(　　)对象实现。
   　A. Switch　　　　B. Button　　　　C. TextField　　　　D. Button
2. Slider 对象中当前值通过(　　)属性设置。
   　A. Minimum　　　B. Thumb　　　　C. value　　　　　　D. Enabled
3. iOS 中显示单个图像或一系列动画图像的对象是(　　)。
   　A. ImageView　　B. Slide　　　　　C. Picture　　　　　D. View

二、填空题

1. iOS 中 Switch 对象对应的类是_____。
2. Slider 对象中滑动按钮左边线条的颜色通过_____设置。
3. ImageView 中通过包含_____来指定要显示的内容。

实训　ImageView 的使用

　　(1) 创建一个新的 Xcode 项目,在菜单中选择 File→New→Project。选择 Single View Application 作为应用程序的模板,Product Name 设置为"切换背景"。

　　(2) 在 main.storyboard 中添加一个 ImageView 对象作为背景图像,添加 3 个 Button 对象用来切换背景,为 Button 对象的 Image 属性设置一幅图片,在 main.storyboard 中单击 Button 对象,通过 Button 对象上的 8 个控制点调整其大小,如图 12-36 所示。

　　(3) 从网上下载 3 幅背景图片,添加到项目中。

　　(4) 通过助手编辑器在 ViewController.swift 中为 ImageView 对象添加 Outlet,为 3 个 Button 对象设置 Action。

图 12-36　ImageView 对象和 Button 对象

（5）在 ViewController.swift 中添加代码，修改 ImageView 对象的 image 属性为指定图片，代码如下：

```
import UIKit

class ViewController: UIViewController {
    
    @IBOutlet weak var image: UIImageView!
    @IBOutlet weak var Switch: UISwitch!
    @IBAction func click1(_ sender: UIButton) {
        if Switch.isOn{
            image.image = UIImage(named: "1.jpeg")
        }
    }
    
    @IBAction func click2(_ sender: UIButton) {
        if Switch.isOn{
            image.image = UIImage(named: "2.jpeg")
        }
    }
    
    @IBAction func click3(_ sender: UIButton) {
        if Switch.isOn{
            image.image = UIImage(named: "3.jpeg")
        }
    }
    override func viewDidLoad() {
        super.viewDidLoad()
    }
}
```

第 13 章

iOS音频与视频

13.1 iOS 音频

13.1.1 AVFoundation 框架简介

AVFoundation 框架中的 A 表示音频 Audio，V 表示视频 Video，AVFoundation 表示 iOS 中的音频和视频基础框架，iOS 项目在使用 AVFoundation 框架之前需要先添加它。

AVFoundation 是一种处理基于时间的音视频文件的框架。AVFoundation 用于检查、创建、编辑或对媒体文件进行重编码操作。AVFoundation 可从设备中得到输入流，以及在实时捕捉和播放的时候对视频进行处理。

iOS 中 AVFoundation 框架的体系结构如图 13.1 所示。

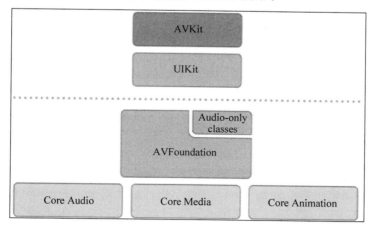

图 13.1 AVFoundation 的体系结构

13.1.2 iOS 音频简介

目前在计算机上进行音频播放都需要依赖于音频文件，音频文件的生成过程是将声音信息采样、量化和编码产生数字信号的过程。人耳所能听到的声音频率是从最低的 20Hz 起直到最高的 20kHz，因此音频文件格式的最大带宽是 20kHz。根据奈奎斯特的理论，只有采样频率高于声音信号最高频率的两倍时，才能把数字信号表示的声音还原成为原始的声音,所以音频文件的采样率一般在 40～50kHz,如最常见的 CD 音质采样率 44.1kHz。

对声音进行采样、量化的过程被称为脉冲编码调制(Pulse Code Modulation),简称 PCM。PCM 数据是最原始的完全无损的音频数据,所以 PCM 数据虽然音质优秀但体积庞大。为了解决这个问题,先后诞生了一系列的音频格式,这些音频格式运用不同的方法对音频数据进行压缩,分为无损压缩(ALAC、APE、FLAC)和有损压缩(MP3、AAC、OGG、WMA)两种。

目前最常用的音频格式是 MP3。MP3 是一种有损压缩的音频格式,设计这种格式的目的就是为了大幅度地减小音频的数据量,它舍弃了 PCM 音频数据中人类听觉不敏感的部分。

13.1.3 用 AVFoundation 播放音频的步骤

AVFoundation 框架提供了 AVAudioPlayer 类来播放音频,AVAudioPlayer 是提供文件或存储器中音频数据回放的音频播放器对象。

AVAudioPlayer 类可以执行以下操作:
- 播放带有可选循环的任何持续时间的声音;
- 通过可选同步,同时播放多个声音;
- 设置每个音频播放的控制量、播放速率和立体声位置;
- 支持快进或倒带等功能;
- 获取播放级别计数数据。

用 AVFoundation 播放音频的步骤如下:
(1) 在项目中添加 AVFoundation 框架;
(2) 加载音频文件路径;
(3) 创建 AVAudioPlayer 对象;
(4) 设置音频播放器的属性;
(5) 播放、暂停或停止音频播放。

视频讲解

13.1.4 用 AVAudioPlayer 类播放音频

AVAudioPlayer 类用于在 iOS 应用中播放音频。AVAudioPlayer 类可以实现音频的播放、暂停、停止播放,并可以设置重复播放、声道、音量、速度,具体的操作步骤如下。

步骤 1:在程序坞中单击启动 Xcode,选择 iOS 平台下的 Single View App 类型的模板。

步骤 2:在 Product Name 文本框中输入项目名称"AVAudioPlayerCase",项目保存路径设置为"Desktop"。

步骤 3:在左侧导航区中单击项目名称 AVAudioPlayerCase,在中间工作区的 General 区域中,单击"Frameworks,Libraries,and Embedded Content"中的"+",在列表框中查找或搜索 AVFoundation.framework 框架,选中该框架,单击对话框底部的 Add 按钮添加框架,如图 13.2 所示。

步骤 4:在项目左侧导航区中右击,在菜单中单击 Add Files to "AVAudioPlayerCase",在弹出的路径对话框中选择资源文件 cover.jpg 和 faded.mp3,单击右下角的 Add 按钮,添加资源文件到项目中,如图 13.3 所示。

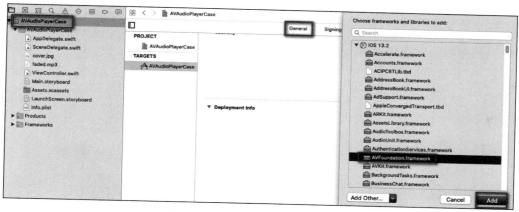

图 13.2　添加 AVFoundation 框架

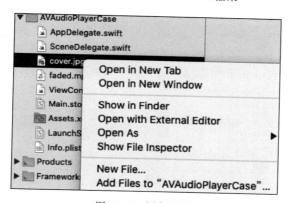

图 13.3　添加素材

步骤 5：在项目左侧导航区域单击 Main.storyboard 文件，在工具栏中单击"＋"启动 Library 对象库，单击可视化对象列表中的 ImageView 对象添加到屏幕中。在 Attributes inspector 中设置 Image 属性为"cover.jpg"；在 Size inspector 中设置 X 属性为"0"，Y 属性为"35"，Width 属性为"415"，Height 属性为"400"，如图 13.4 所示。

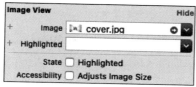 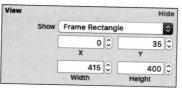

图 13.4　ImageView 属性

步骤 6：从 Library 库中添加一个 Button 对象到屏幕中，在 Attributes inspector 中设置 Title 属性为"播放"，Font 属性为"System 26.0"；在 Size inspector 中设置 X 属性为"55"，Y 属性为"520"，Width 属性为"53"，Height 属性为"45"，如图 13.5 所示。

步骤 7：从 Library 库中添加一个 Button 对象到屏幕中，在 Attributes inspector 中设置 Title 属性为"暂停"，Font 属性为"System 26.0"；在 Size inspector 中设置 X 属性为"180"，Y 属性为"520"，Width 属性为"53"，Height 属性为"45"，如图 13.6 所示。

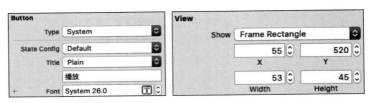

图 13.5 "播放"按钮属性

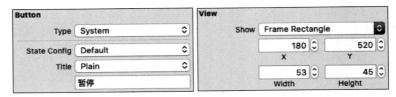

图 13.6 "暂停"按钮属性

步骤 8：从 Library 库中添加一个 Button 对象到屏幕中，在 Attributes inspector 中设置 Title 属性为"停止"，Font 属性为"System 26.0"；在 Size inspector 中设置 X 属性为"290"，Y 属性为"520"，Width 属性为"53"，Height 属性为"45"，如图 13.7 所示。

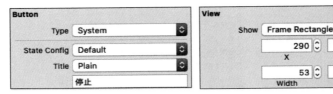

图 13.7 "停止"按钮属性

步骤 9：从 Library 库中添加一个 Label 对象到屏幕中，在 Attributes inspector 中设置 Text 属性为"循环"，Font 属性为"System 26.0"；在 Size inspector 中设置 X 属性为"110"，Y 属性为"610"，Width 属性为"53"，Height 属性为"32"，如图 13.8 所示。

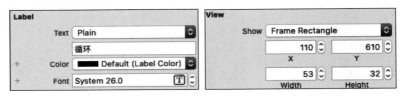

图 13.8 "循环"Label 属性

步骤 10：从 Library 库中添加一个 Switch 对象到屏幕中，在 Size inspector 中设置 X 属性为"195"，Y 属性为"610"，如图 13.9 所示。

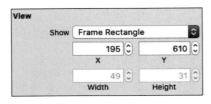

图 13.9 Switch 属性

步骤 11：按住 Option 键，单击循环 Label，复制出一个 Label 对象，将其移动到循环 Label 下方，在 Attributes inspector 中设置 Text 属性为"声道"，Font 属性为"System 26.0"；在 Size inspector 中设置 X 属性为"110"，Y 属性为"675"，Width 属性为"53"，Height 属性为"32"，如图 13.10 所示。

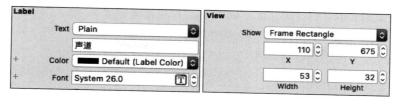

图 13.10　声道 Label 属性

步骤 12：从 Library 库中添加一个 Slider 对象到屏幕中，在 Attributes inspector 中设置 Minimum 属性为"-1"，Maximum 属性为"1"；在 Size inspector 中设置 X 属性为"195"，Y 属性为"675"，Width 属性为"118"，如图 13.11 所示。

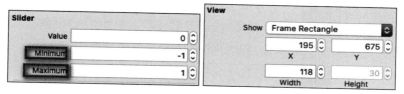

图 13.11　声道 Slider 属性

步骤 13：根据步骤 11 的方法在声道 Label 下复制出一个 Label 对象，在 Attributes inspector 中设置 Text 属性为"音量"，Font 属性为"System 26.0"；在 Size inspector 设置 X 属性为"110"，Y 属性为"735"，Width 属性为"53"，Height 属性为"32"，如图 13.12 所示。

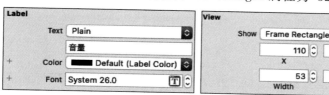

图 13.12　音量 Label 属性

步骤 14：按住 Option 键，单击步骤 12 中的 Slider 对象，复制出一个 Slider 对象，将其移动到步骤 12 的 Slider 对象下方；在 Size inspector 中设置 X 属性为 "195"，Y 属性为"738"，Width 属性为"118"，如图 13.13 所示。

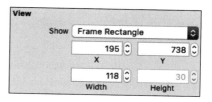

步骤 15：根据步骤 11 的方法在音量 Label 下复制一个 Label 对象，在 Attributes inspector 中设置 Text 属性为"速度"，Font 属性为"System 26.0"；在 Size inspector 中设置 X 属性为"110"，Y 属性为"800"，Width 属性为"53"，Height 属性为"32"，如图 13.14 所示。

图 13.13　音量 Slider 属性

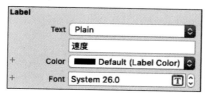 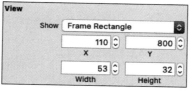

图 13.14　速度 Label 属性

步骤 16：根据步骤 14 的方法在音量 Slider 下方复制出一个 Slider 对象，修改 Value 属性为"1"，Maximum 属性为"2"；在 Size inspector 中设置 X 属性为"195"，Y 属性为"810"，Width 属性为"118"，如图 13.15 所示。

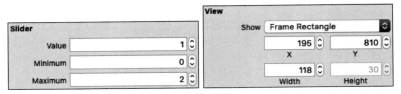

图 13.15　速度 Slider 属性

步骤 17：打开助手编辑器，为循环 Switch 对象、声道 Slider 对象、音量 Slider 对象、速度 Speed 对象设置 Outlet 属性，为"播放"按钮、"暂停"按钮、"停止"按钮、声道 Slider、音量 Slider、速度 Slider 添加 Action 方法，如图 13.16 所示。

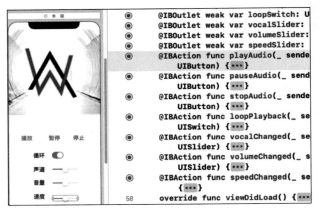

图 13.16　Outlet 与 Action

步骤 18：在 Xcode 左侧导航区域中单击打开 ViewController.swift 文件，在 ViewContoller 类中输入以下代码：

```swift
class ViewController: UIViewController {
    var audioPlayer:AVAudioPlayer? = nil
    @IBOutlet weak var loopSwitch: UISwitch!
    @IBOutlet weak var vocalSlider: UISlider!
    @IBOutlet weak var volumeSlider: UISlider!
    @IBOutlet weak var speedSlider: UISlider!
    @IBAction func playAudio(_ sender: UIButton) {
        audioPlayer!.play()
        print("播放器开始播放.")
    }
    @IBAction func pauseAudio(_ sender: UIButton) {
        audioPlayer!.pause()
        print("播放器暂停播放.")
    }
    @IBAction func stopAudio(_ sender: UIButton) {
        audioPlayer?.stop()
        print("播放器停止.")
```

```swift
    }
    @IBAction func loopPlayback(_ sender: UISwitch) {
        if loopSwitch.isOn == true{
            audioPlayer?.numberOfLoops = -1
        }else{
            audioPlayer?.numberOfLoops = 0
        }
    }
    @IBAction func vocalChanged(_ sender: UISlider) {
        if vocalSlider.value <= 0.3 && vocalSlider.value >= -0.3{
            audioPlayer?.pan = 0.0
        }else if vocalSlider.value > 0.3{
            audioPlayer?.pan = 1.0
        }else{
            audioPlayer?.pan = -1.0
        }
    }
    @IBAction func volumeChanged(_ sender: UISlider) {
        audioPlayer?.volume = volumeSlider.value
    }
    @IBAction func speedChanged(_ sender: Any) {
        if  speedSlider.value > 0.7 && speedSlider.value < 1.3{
            audioPlayer?.rate = 1.0
        }else if speedSlider.value <= 0.7{
            audioPlayer?.rate = 0.5
        }else{
            audioPlayer?.rate = 2.0
        }
    }
    override func viewDidLoad() {
        super.viewDidLoad()
        let file = Bundle.main.path(forResource: "faded", ofType: "mp3")
        let soundUrl = URL(fileURLWithPath: file!)
        do{try audioPlayer = AVAudioPlayer(contentsOf: soundUrl)}catch{
            print(error)}
        audioPlayer?.enableRate = true
    }
}
```

代码解析：定义一个音频播放器变量 audioPlayer，在 viewDidLoad() 方法中定义文件路径字符串并转换成 URL 类型，定义 AVAudioPlayer 类的对象赋值给 audioPlayer，设置 audioPlayer 的 enableRate 属性值为 true，使其能够设置播放速度；在 playAudio() 方法中启动音频播放器，并在控制台中输出字符串"播放器开始播放。"；在 pauseAudio() 方法中暂停音频播放器，并在控制台输出字符串"播放器暂停播放。"；在 stopAudio() 方法中停止音频播放器，并在控制台输出字符串"播放器停止。"，在 loopPlayback() 方法中判断循环 Switch 对象的状态，状态为 On 时，将 audioPlayer 对象的 numberOfLoops 属性的值改为"-1"，当状态为 Off 时，将 audioPlayer 对象的 numberOfLoops 属性的值改为"0"；在 vocalChanged() 方法中判断声道 Slider 的 value 属性值，当该值小于或等于 0.3 且大于或等于－0.3时,将 audioPlayer 对象的 pan 属性值修改为"0.0",当该值大于 0.3 时,将 audioPlayer 对象的 pan 属性值修改为"1.0",当该值小于－0.3 时,将 audioPlayer 对象的 pan 属性值修改为"－1.0"; volumeChanged()方法中将 volumeSlider 的值赋给 audioPlayer 对象的 volume 属性; speedChanged()方法中判断 speedSlider 的 value 属性值,当该值大于 0.7 且小于 1.3 时,将 audioPlayer 对象的 rate 值改为 1.0,当该值小于或等于 0.7 时,将 audioPlayer 对象的 rate 值改为 0.5,当该值大于或等于 1.3 时,将 audioPlayer 对象的 rate 值改为 2.0。

步骤 19:选择 iPhone 11 模拟器,运行项目查看效果,如图 13.17 所示。

图 13.17 运行效果

13.2 iOS 视频

13.2.1 iOS 视频简介

在 iOS 中可以通过 AVFoundation 的 AVPlayer 类进行视频的播放。AVPlayer 类支持播放本地的、分步下载的或者通过 HLS 协议得到的流媒体,播放的视频内容可以来自本地或远程。它是一个不可见的组件,可以直接播放 MP3、MP4 格式的音频文件。

如果要播放视频文件,还需要使用 AVPlayerLayer 类。它是对 CALayer 类的扩展,通过框架在屏幕上显示内容,作为视频的显示界面展示给用户。在创建 AVPlayerLayer 对象时需要一个指向 AVPlayer 的指针,把两者联系在一起。

AVPlayerItem 类用于管理媒体资源对象,提供播放数据源,然后通过 AVPlayer 类进行播放,通过 AVPlayerItem 和 AVPlayerItemTrack 类来构建播放资源的动态内容。

13.2.2 用 AVFoundation 播放视频的步骤

AVFoundation 框架使用 AVPlayer 类进行视频的播放,播放之前需要使用 AVPlayerItem 类设置要显示的视频资源,使用 AVPlayerLayer 类设置创建视频显示的图层,具体步骤如下:

(1) 在项目中添加 AVFoundation 框架;

(2) 通过 AVPlayerItem 类设置视频文件路径；
(3) 通过 AVPlayer 类创建视频播放器对象；
(4) 通过 AVPlayerLayer 类创建视频播放器显示图层；
(5) 设置播放器的音量、速率等属性；
(6) 进行播放或暂停播放视频等操作。

13.2.3 用 AVPlayer 类播放视频

视频讲解

iOS 应用中通过 AVPlayer 类播放视频，使用 AVPlayer 类之前需要添加 AVFoundation 框架并导入文件，具体操作步骤如下。

步骤 1：在程序坞中单击启动 Xcode，选择 iOS 平台下的 Single View App 类型的模板。

步骤 2：在 Product Name 文本框中输入项目名称"AVPlayerCase"，项目保存路径设置为"Desktop"。

步骤 3：在左侧导航区中单击项目名称 AVPlayerCase，在中间工作区的 General 区域中，单击 Frameworks，Libraries，and Embedded Content 中的"+"，在列表框中查找或搜索 AVFoundation.framework 框架，单击对话框底部的 Add 按钮添加 AVFoundation 框架。

步骤 4：在左侧项目导航区中右击，在菜单中单击 Add Files to "AVAudioPlayerCase"，在弹出的路径对话框中选择资源文件 video.mp4，单击右下角的 Add 按钮添加资源文件到项目中，如图 13.18 所示。

图 13.18　添加视频素材 video.mp4

步骤 5：在左侧项目导航区单击 Main.storyboard 文件，在工具栏中单击"+"启动 Library 对象库，单击可视化对象列表中的 Label 对象，将其添加到屏幕中。在 Attributes inspector 中设置 Text 属性为"播放速度"，Font 属性为"System 26.0"；在 Size inspector 中设置 X 属性为"38"，Y 属性为"600"，Width 属性为"106"，Height 属性为"32"，如图 13.19 所示。

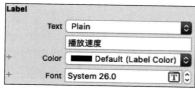 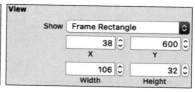

图 13.19　播放速度 Label 属性

步骤 6：从 Library 库中添加一个 Slider 对象到屏幕中，在 Size inspector 中设置 X 属性为"190"，Y 属性为"600"，Width 属性为"118"，如图 13.20 所示。

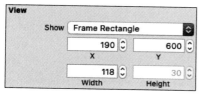

图 13.20　播放速度 Slider 属性

步骤 7：通过单击 Option 键在播放速度 Label 对象下方复制出一个 Label 对象，并在 Attributes inspector 中修改 Text 属性为"音量"，在 Size inspector 中设置 X 属性为"38"，Y 属性为"680"，Width 属性为"53"，Height 属性为"32"，如图 13.21 所示。

步骤 8：通过单击 Option 键在播放速度 Slider 对

图 13.21　音量 Label 属性

象下方复制出一个 Slider 对象,在 Size inspector 中设置 X 属性为"190",Y 属性为"680",Width 属性为"118",如图 13.22 所示。

步骤 9:从 Library 库中添加一个 Button 对象到屏幕中,在 Attributes inspector 中设置 Title 属性为"播放",Font 属性为"System 26.0";在 Size inspector 中设置 X 属性为"75",Y 属性为"750",Width 属性为"55","Height"属性为"45",如图 13.23 所示。

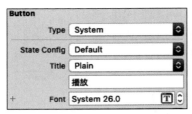

图 13.22　音量 Slider 属性

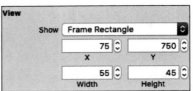

图 13.23　"播放"按钮属性

步骤 10:通过单击 Option 键在"播放"Button 对象下方复制出一个 Button 对象,在 Attributes inspector 中设置 Title 属性为"暂停",Font 属性为"System 26.0";在 Size inspector 中设置 X 属性为"255",Y 属性为"750",Width 属性为"55",Height 属性为"45",如图 13.24 所示。

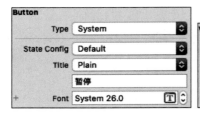

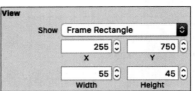

图 13.24　"暂停"按钮属性

步骤 11:打开助手编辑器,为播放速度 Slider 对象、音量 Slider 对象添加 Outlet 属性,为播放速度 Slider 对象、音量 Slider 对象、播放 Button 对象、暂停 Button 对象添加 Action 方法。

步骤 12:在 Xcode 左侧导航区域中单击 ViewController.swift 文件,在 ViewContoller 类中输入以下代码:

```
import AVFoundation
class ViewController: UIViewController {
    var videoPlayer:AVPlayer? = nil
    @IBOutlet weak var speedSlider: UISlider!
```

```swift
@IBOutlet weak var volumeSlider: UISlider!
@IBAction func speedChanged(_ sender: UISlider) {
    if speedSlider.value >= 0.3 && speedSlider.value <= 0.7{
        videoPlayer?.rate = 1.0
    }else if speedSlider.value < 0.3{
        videoPlayer?.rate = 0.5
    }else{
        videoPlayer?.rate = 2
    }
}
@IBAction func volumeChanged(_ sender: UISlider) {
    videoPlayer?.volume = volumeSlider.value
}
@IBAction func playButton(_ sender: UIButton) {
    videoPlayer?.play()
}
@IBAction func pauseButton(_ sender: UIButton) {
    videoPlayer?.pause()
}
override func viewDidLoad() {
    super.viewDidLoad()
    let filePath = Bundle.main.path(forResource: "video", ofType: "mp4")
    let videoUrl = URL(fileURLWithPath: filePath!)
    let source = AVPlayerItem(url:videoUrl)
    videoPlayer = AVPlayer(playerItem: source)
    let playerLayer = AVPlayerLayer.init(player:videoPlayer)
    playerLayer.videoGravity = AVLayerVideoGravity.resizeAspect
    playerLayer.frame = CGRect(x: 0, y: 35, width: 415, height: 500)
    self.view.layer.addSublayer(playerLayer)
}
}
```

代码解析：在 ViewController 类中新建播放器对象 videoPlayer，在 viewDidLoad() 方法中创建视频文件对象，并转换成 URL 类型的对象，通过 AVPlayer 构造方法以视频对象创建播放器对象，通过 videoGravity 属性设置视屏内容在窗口中的显示模式，通过 CGRect 构造方法为播放器对象的 frame 属性赋值，并添加到当前视图的 layer 中。在播放速度 Slider 对象的 ValueChanged 方法中判断播放速度 Slider 对象的 value 属性值，当该值大于或等于 0.3 且小于或等于 0.7 时，将播放器对象的 rate 属性改为"1.0"，即正常速度播放；当该值小于 0.3 时，将播放器对象的 rate 属性改为"0.5"；当该值大于 0.7 时，将播放器对象的 rate 属性改为"2"。在音量 Slider 对象的 ValueChanged 方法中将音量 Slider 对象的 Value 值赋给播放器对象的 volume，在"播放"按钮的 TouchUpinsider 事件方法中调用播放器对象的 play() 方法，在"暂停"按钮的 TouchUpinsider 事件方法中调用播放器对象的 pause() 方法。

步骤 13：选择 iPhone 11 模拟器，运行项目查看效果，如图 13.25 所示。

图 13.25 运行效果

习题

一、单选题

1. 人耳所能听到的最低声音频率是（　　）。
   A. 20 Hz　　　　　B. 40 Hz　　　　　C. 20 kHz　　　　　D. 40 kHz
2. AVFoundation 中（　　）对象可以用来播放视频。
   A. Player　　　　　B. Video　　　　　C. AVPlayer　　　　　D. Audio

二、填空题

1. AVFoundation 框架中的"A"表示_____，"V"表示_____。
2. 对声音进行采样、量化的过程称为脉冲编码调制，简称_____。

三、简答题

1. 简述用 AVFoundation 播放音频的步骤。
2. 简述用 AVFoundation 播放视频的步骤。

实训　音频播放

（1）创建名为"音频播放"的 Single View App 项目。

（2）在项目初始界面中添加 AVFoundation 框架，如图 13-26 所示。

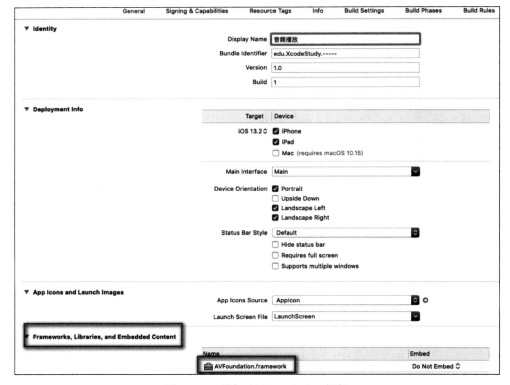

图 13-26　添加 AVFoundation 框架

（3）从网上下载一首 MP3 格式的音乐文件，将它重命名为"音乐.mp3"，并添加到项目中。

（4）在 Main.storyboard 中设计播放器界面，如图 13-27 所示。

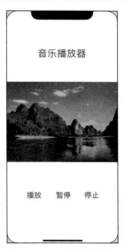

图 13-27　播放器界面

（5）通过助手编辑器为"播放""暂停""停止"按钮分别添加 IBAction 关联。

（6）在 ViewController.swift 文件中输入以下代码：

```
import UIKit
import AVFoundation
class ViewController:UIViewController,AVAudioPlayerDelegate{
    var player:AVAudioPlayer = AVAudioPlayer()
    override func viewDidLoad(){
    {
        super.viewDidLoad();
        let path = Bundle.main.path(forResource:"音乐",ofType:"mp3")
        let soundUrl = URL(fileURLWithPath:path!)
        do{
            try player = AVAudioPlayer(contentsOf:soundUrl)
            player.play()
        }catch{
            print(error)
        }
    }
    
    @IBAction func playClick(sender:AnyObject){
        player.play()
    }
    @IBAction func pauseClick(sender:AnyObject){
        player.pause()
    }
    @IBAction func stopClick(sender:AnyObject){
        player.stop()
    }
}
```

（7）选择模拟器，运行项目查看运行效果。

附录 A

AppIcon图标

1. iOS 应用图标文件命名规则

iOS 应用的图标对文件的分辨率与命名有一定要求,只有分辨率与命名正确的文件才能设置应用的启动图标,具体规则如下:

文件描述_分辨率@1x.png
文件描述_分辨率@2x.png
文件描述_分辨率@3x.png

其中,文件描述就是文件内容的标题,分辨率是图片文件水平分辨率与垂直分辨率的大小,1x、2x、3x 是图片像素的倍数。

例如:

helloXcode_20 * 20@1x.png 表示图像文件描述为 helloXcode,图像分辨率的倍数为 1 倍,图像文件的分辨率为水平方向 20 像素、垂直方向 20 像素;

helloXcode_20 * 20@2x.png 表示图像文件描述为 helloXcode,图像分辨率的倍数为 2 倍,图像文件的分辨率为水平方向 2x20=40 像素,垂直方向 2x20=40 像素;

helloXcode_20 * 20@3x.png 表示图像文件描述为 helloXcode,图像分辨率的倍数为 3 倍,图像文件的分辨率为水平方向 3x20=60 像素,垂直方向 3x20=60 像素。

2. iOS 图标文件分辨率

不同版本的 iOS、不同型号的 iPhone 或 iPad 对应用图标的要求各不相同,iOS 7~13 要求的应用图标分辨率如图 A.1 所示。

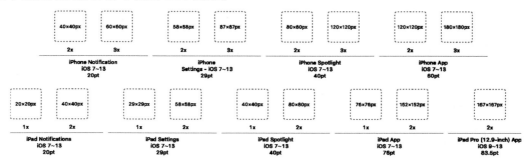

图 A.1　iOS 7~13 要求的应用图标分辨率

附录 B

Xcode对象

iOS应用开发过程中通过UIKit框架提供的各种对象进行界面的设计,扫描下方二维码可以查看UIKit提供的对象及其说明。

图书资源支持

感谢您一直以来对清华版图书的支持和爱护。为了配合本书的使用,本书提供配套的资源,有需求的读者请扫描下方的"书圈"微信公众号二维码,在图书专区下载,也可以拨打电话或发送电子邮件咨询。

如果您在使用本书的过程中遇到了什么问题,或者有相关图书出版计划,也请您发邮件告诉我们,以便我们更好地为您服务。

我们的联系方式:

地　　址:北京市海淀区双清路学研大厦 A 座 714

邮　　编:100084

电　　话:010-83470236　010-83470237

客服邮箱:2301891038@qq.com

QQ:2301891038(请写明您的单位和姓名)

资源下载:关注公众号"书圈"下载配套资源。

书圈

清华计算机学堂

观看课程直播